タガメとゲンゴロウの仲間たち

市川憲平

もくじ

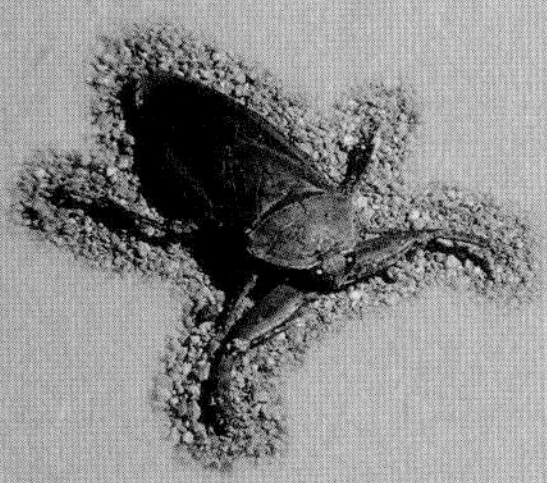

はじめに

タガメやゲンゴロウは、国内最大級の水生昆虫です。20世紀中頃までは日本各地の水田で普通に見ることができました。農村では誰もが知っている昆虫でしたが、全国的に数が減り、最近では野外で出会うことがむずかしい生きものになりました。滋賀県立琵琶湖博物館でも２０１５年９月１日からタガメとゲンゴロウの生体展示を中止し、２０１６年７月のリニューアル後も展示していません。展示を続けることはむずかしいのでしょうか。リニューアル後の琵琶湖博物館のC展示室には、ＴＮＢ48という標本や写真などで水田の生きものを解説するコーナーができました。その近くに、滋賀県のゲンゴロウがすでに絶滅してしまったこと、タガメも２００６年以来、確実な採集記録がないことが解説されて

ゲンゴロウは日本最大の水生甲虫で、他のゲンゴロウ類と区別するために、オオゲンゴロウ、ナミゲンゴロウなどと呼ばれています。

います。博物館では他府県産の個体を展示してきましたが、累代飼育を長く続けると繁殖しなくなるため、長期間展示を続けるのは困難だったそうです。産地が近くにない施設では新しい血を頻繁に入れることもかなわず、やむなく展示を中止することにしたのです。

国内にはタガメやゲンゴロウの常設展示を続けている水族館や昆虫館はまだ残っていますが、これらの園館が10年後も同様に展示を続けることができるかどうかは不明です。子どもたちが本物に会う機会は年々減っています。タガメもゲンゴロウも大きいだけではなく、不思議な生態を持つ素晴らしい昆虫です。その暮らしぶりを、この本でたっぷり味わってください。そして、どうすれば復活するのか一緒に考えましょう。

タガメは、長い間生息が確認されていないタイワンタガメを除けば国内最大の水生昆虫で、カエルやドジョウなどを捕食します。

第1章　水生昆虫の世界へようこそ

01 流水性の水生昆虫

「水生昆虫」と聞いた時、この本を読み始めたあなたは、どんな虫を思い浮かべますか。表紙の写真をながめ、「はじめに」を読み終えたあなたは、もちろんタガメやゲンゴロウなどの池や水田にいる虫を思い浮かべたことでしょう。しかし、「水生昆虫」研究者の多くは、カゲロウやカワゲラなどの幼虫時代を川の中で暮らす昆虫（私は川虫と呼んでいます）を研究しています。渓流釣りをする人がエサとして使う、水底の石の裏側についている虫たちです。川虫たちは、渓流に落ちた枯葉を食べたり、魚たちの重要なエサとなったりして、川の生態系の中で重要な役割を果たしています。川虫の多くは陸生昆虫の幼虫ですが、以前は幼虫と成虫の親子関係が不明で、仮名で呼ばれていた幼虫がたくさんいました。しかし、最近では多くの川虫の親子関係が判明し、それぞれの種の生態や種間関係などもわかってきています。

幼虫が流水で暮らす昆虫で忘れてはいけない種は、ゲンジボタルです。多くのアマチュア研究者がさまざまな研究を行い、保護活動も盛んです。ヘビトンボの幼虫は孫太郎虫と呼ばれ漢方薬の原料でしたが、川遊びをする子どもたちにとっては恐ろしい川の「ムカデ」でした。ゲンゴロウ類やミズスマシ類、アメンボ類の中にも、流水で暮らすものが多数います。また、ナベブタムシ類はすべて川や水路などの流水に生息します。トンボやドロムシ類の中にも幼虫が流水中で暮らすものが多数いますが、トンボやドロムシなどはこの本の中では扱いません。

オオヤマカワゲラ幼虫

カワゲラ類の成虫

ウエノヒラタカゲロウ幼虫

キイロカワカゲロウ成虫

ヘビトンボ幼虫

ゲンジボタル幼虫

02 止水性の水生昆虫

止水性の水生昆虫とは、ため池や沼、水田などの水中で暮らす昆虫です。この本の主役となるタガメやゲンゴロウも含まれますが、カメムシや甲虫の仲間だけではなく、ハエやカの仲間、チョウの仲間、カゲロウやトビケラの仲間もいます。一番数が多いのはユスリカの仲間で、湖やため池、水田などに多くの種類が暮らしています。橋の上や水辺などにできる大きな蚊柱は、ユスリカ類のオスの集団です。アカムシと呼ばれる幼虫はメダカやゲンゴロウなどのエサとなり、水面に落ちてきた成虫はマツモムシなどのエサになります。5月の連休の頃、浅い水辺や水の入った水田には、巨大な蚊のような昆虫が繁殖のために来ています。ガガンボの仲間です。ユスリカもガガンボもハエやカの仲間ですが、人を刺すことはありません。フタバカゲロウやエグリトビケラのように、止水性のカゲロウやトビケラの仲間もいます。

カメムシや甲虫類は10㎜以下の小型種が大半です。数が多いカメムシ類は、風船虫と呼ばれるコミズムシ類（5〜6㎜）とマルミズムシ類（約2㎜）です。岸の草がおおいかぶさった水田の水面には、ケシカタビロアメンボ類が群れていますが、これも体長2㎜以下です。体長10〜12㎜のヒメガムシは池や水田でよく見る甲虫ですが、水生甲虫の中では大きい方で多くは5㎜ほどの種類です。水田に多いチビゲンゴロウの仲間は、体長が2㎜ほどしかありません。これらの微小種は網の目を抜けてしまうので、観察会では子どもたちにはまったく相手にされませんが、拡大鏡で見たマルミズムシは、なかなか貫禄《かんろく》ある形をしています。

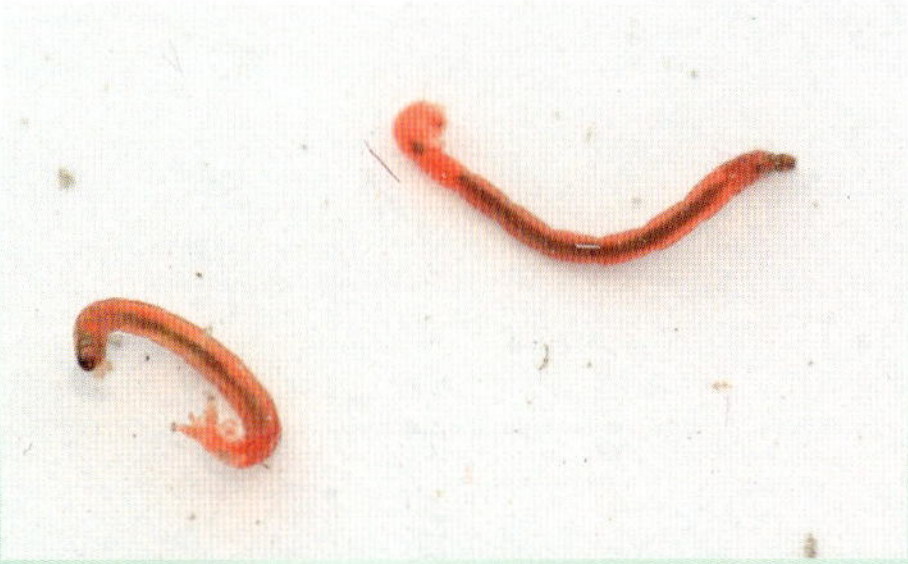
ユスリカ類幼虫

ユスリカ類成虫

ガガンボ類の産卵

ガガンボ類幼虫（撮影：稲田）

エグリトビケラ幼虫

エグリトビケラ成虫

コミズムシの一種

マルミズムシ

03 水生カメムシ、水生甲虫の呼吸

水生カメムシは、タイコウチやアメンボなどの水中や水面で暮らすカメムシの仲間です。水生甲虫は、ゲンゴロウやミズスマシなどの水中や水面で暮らす甲虫の仲間です。これ以降、「水生昆虫」という言葉が出てきたら、水生カメムシと水生甲虫のことだと思ってください。

水生のカメムシも甲虫も、陸生の虫たちが二次的に水界で暮らすようになってできたグループです。カゲロウなどの川虫類と比べると水中への適応度は低く、ほとんどの種は水中に閉じ込めると窒息して死んでしまいます。湿った水際に生息するミズカメムシやミズギワカメムシの仲間は、陸生と水生のカメムシ類をつなぐ中間的な存在で、半水生昆虫と呼ばれます。

水面で生活する種を除くすべての水生昆虫にとって、酸素の補給は重要な問題です。タガメ

流水中で暮らすナベブタムシは、腹側の空気の膜に溶け込んでくる酸素だけで暮らせるため、呼吸のために水面に行く必要がない。

半水生昆虫　ミズカメムシ

やゲンゴロウ類は、羽の下に空気を貯えて潜水します。中小型のゲンゴロウ類では羽の下の容積が小さいのでしょうか、尾端に泡をつけて潜っている姿を多く見かけます。タガメの幼虫や、マツモムシ、ガムシなどは、腹側に空気の膜をつけて潜水します。羽の下や腹側につけた気泡や膜内の酸素濃度は時間の経過とともに低くなり、逆に二酸化炭素濃度は高くなります。すると、二酸化炭素は水中へ溶け出し、水中に溶けた酸素が膜のなかに溶け込んできます。活性の高い時期は溶け込んでくる酸素だけではたりないので、呼吸管や尾端を水面上に突き出し、羽の下の空気を交換します。しかし、溶存酸素濃度の高い流水中で暮らすナベブタムシ類や、真冬に水底でじっと春を待つゲンゴロウなどはほとんど浮上する必要がありません。

腹端に気泡をつけたハイイロゲンゴロウ

タガメの呼吸

触角を水面上に出して、新鮮な空気を取り込むガムシ。腹側につけた空気の膜が光っている

04 水生昆虫の生息場所

Ⅰ　水田で暮らす水生昆虫

田植えの時期は地域によって異なります。九州や四国では3月末から4月に、雨の少ない山陽地方では6月に田植えをします。日本海側や東北地方では、5月上中旬になります。

5月上旬に田植えが行われた水田では、シュレーゲルアオガエルやミズカマキリが、連休後にはすでに畦《あぜ》に産卵しています。まもなくトノサマガエルが産卵にやってきます。アキアカネの休眠卵も目を覚まし、生まれてきたヤゴは、大発生したミジンコやユスリカ幼虫を食べて育ちます。大小のゲンゴロウ類やマツモムシなども、ミジンコやユスリカ幼虫を食べて繁殖の準備を進めます。タガメも5月末までには飛んできます。

田植えが6月に行われる地域でも、水田の脇の素掘りの溝（地域によってテビ、ひよせ、ほりあげなどの名前で呼ばれています）に水があれば、虫たちは繁殖やその準備を始めています。田植えの遅い地域でも、田植機が普及する前までは、4月から水田に水がありました。水を張った水田に籾《もみ》をまいて苗を育てていたからです。これを水苗代と言います。昔は水苗代の苗にタガメの卵塊が産みつけられていたそうです。最近の乾田化された水田では、中干し時には田の表面が乾燥し亀《き》裂《れつ》ができます。コンクリートの溝に落ちた幼虫は、雨が降れば川まで流されます。しかし、以前は中干し時にも水田の隅に水が残り、流れ落ちた素掘りの溝にも隠れるところがたくさんありました。稲刈りのために水が落とされるまでに、水生昆虫は無事に繁殖を終えることができたのです。

ヒメガムシ幼虫

田植え後の水田に多いハイイロゲンゴロウ幼虫

ヒメアメンボ

アキアカネ幼虫

コガムシ

水田の縁に掘られた溝

Ⅱ 湖や池沼で暮らす水生昆虫

稲刈りのために水田の水が落とされた頃、小さな池にたくさんのタガメやミズカマキリ、ガムシなどが集まってきます。水田で繁殖する虫たちの多くは、水田と池や沼を行き来して暮らしているのです。このような虫たちとは違い、池や湖などにとどまりそこで繁殖する水生昆虫も少なくありません。種の保存法で国内希少野生動植物種に指定されているヤシャゲンゴロウは、福井県の夜叉ケ池だけに生息しています。キベリクロヒメゲンゴロウは、ヨシのしげる大きな池で見つかります。オオミズスマシは陽当たりのよい開けた池、ミズスマシは樹木に囲まれた陽当たりの悪い池でよく見つかりますが、水田ではあまり見ません。

おもに池などに生息し、水田では見ることの少ない水生カメムシもいます。ハネナシアメンボは水面がヒシなどの葉で覆われた池に生息しますが、水田ではほとんど見ません。オオアメンボは丘陵地のため池などでよく見かけます。体の大きなオオアメンボが動き回るには、稲株の間は狭すぎるのかもしれません。コバンムシはヒシやジュンサイなどの葉柄に産卵します。産卵に適した水草のない水田で見たことはありません。水ぎわの陸上で越冬しますが、それ以外の時期は池の水中で暮らします。ヒメミズカマキリは水田で見かけることもありますが、基本的には池の昆虫で、水面に浮くアメンボ類を捕食し、コバンムシと同じようにヒシの葉柄などに卵を産みつけます。ケシゲンゴロウやツブゲンゴロウなどの小型のゲンゴロウ類は、水草の茂ったため池でよく見かけます。

ハネナシアメンボ、ヒメミズカマキリのすむヒシの茂った池

キベリクロヒメゲンゴロウ

ヒシの葉の上で休むハネナシアメンボ

ヒメアメンボ（上）とオオアメンボ（下）

Ⅲ　河川や水路、地下水で暮らす水生昆虫

ゴマダラチビゲンゴロウは、比較的大きな河川の上中流の石の下や草の陰などで見つかるとても美しいゲンゴロウですが、体長が3㎜ほどしかないため、魚を採るような網では網の目を抜けてしまいます。同じ場所でやや大きめ（体長8㎜）のキベリマメゲンゴロウが見つかることもあります。よく似たモンキマメゲンゴロウは、山里の水田地帯を緩く流れる水路の水草の茂みなどで見つかります。体長が20㎜になるオキナワオオミズスマシは国内最大のミズスマシ類で、沖縄の渓流のよどみに生息します。オナガミズスマシ類は本州などの上流域のよどみに生息します。

ナベブタムシは、長い間渓流域の昆虫とされてきましたが、最近、渓流域だけではなく中流域のコンクリート水路などにも生息することがわかってきました。まれに長翅《ちょうし》型が出現しますが、通常見る個体はほとんど短翅型で、飛ぶことができません。砂利底に潜んでカゲロウ類の幼虫などを捕食します。過去に琵琶湖疏水《そすい》や瀬田川などでの採集記録が残っているカワムラナベブタムシは、すでに半世紀以上採集の記録がありません。

メクラゲンゴロウやムカシゲンゴロウなど地下水中に生息する水生昆虫類も少なくありません。古井戸などから見つかりますが、井戸の水がからになるほど汲《く》み上げた後でないと虫の姿が現れないことも多く、採集は容易ではありません。1990年代にトサメクラゲンゴロウなど新種が次々に見つかりました。

ゴマダラチビゲンゴロウ

モンキマメゲンゴロウ

オキナワオオミズスマシ

地下水にすむメクラゲンゴロウ

オキナワオオミズスマシのすむ渓流

05 水生昆虫の飛行と移動

タガメやゲンゴロウが池と水田を行き来することはすでにお話ししました。もちろん空を飛んで移動します。ミズカマキリは、植物などを昇り空気中でしばらく体を乾かした後に飛び立ちます。採集したミズカマキリを水から出してしばらくおいておくと、飛び立つようすを観察することができます。マツモムシもよく飛ぶ虫で、網から地面にこぼれ落ちた成虫は、すぐに飛んで逃げようとします。アメンボ類は水面から直接に飛び立ちます。バケツに入れて運んでいたオオアメンボが水面から飛んで逃げたことがありますが、数十m上空まで一気に飛び上がり、それから水平に飛び去りました。

タガメやオオコオイムシも、植物などを昇って停止し体を乾かしてから飛び立ちますが、飛び立つ前に変わった行動を見せてくれます。胸部を縦方向に小刻みに動かすのです。胸部と腹部との間が、1㎜ほどついたり離れたりしているように見えます。タガメはこの行動を1分ほど続けた後に飛び立ちます。何のための行動なのか確かなことはわかりませんが、飛び立つ前のウォーミングアップのように見えます。3㎞ほど離れたところでマーキングしたタガメが、その日の夜にグラウンドのナイター設備に飛んできたことがありますが、飛来後はライト側や三塁側などの照明設備の間を飛び回りました。ゲンゴロウやガムシなどもナイター設備に飛んできます。長野県での調査によると、ゲンゴロウは約1㎞離れた池を移動しています。コシマゲンゴロウやヒメゲンゴロウなどは、水田脇の外灯などにも飛んできます。

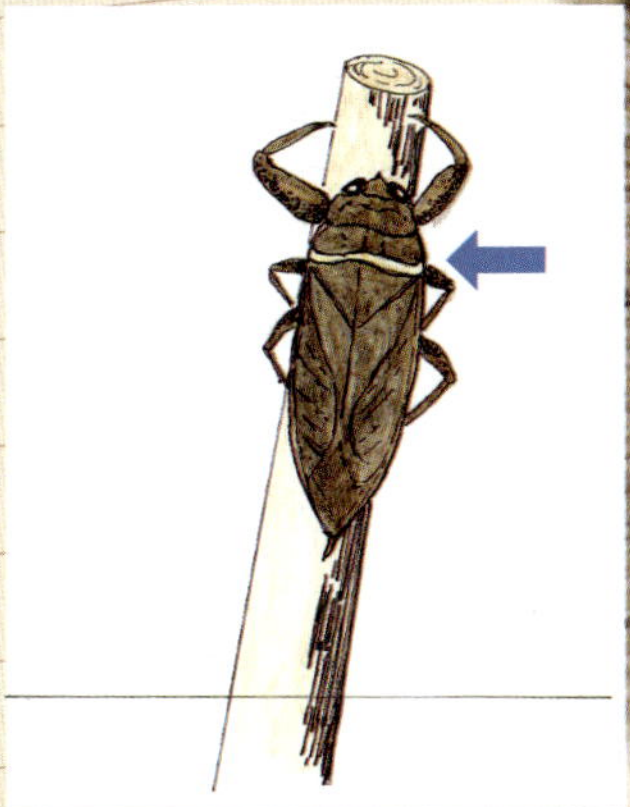

飛行前、胸部を前後に小刻みに動かす。矢印部分のすき間が開いたり、閉じたりする。

グラウンドに着地したタガメ。しばらくすると飛び立つ

タガメは前ばねと後ばねを連結させ、１枚の大きなはねにして飛ぶ

タイワンタガメ前ばね。裏側にフックがあり、これに後ろ羽をひっかけ、羽を連結させる

第2章 タガメの仲間たち

06 世界のコオイムシ科昆虫

コオイムシ科は、コオイムシ亜科、タガメ亜科、ホルバシニーナエ亜科の3亜科に分かれ、これまでに世界中で約130種類が確認されています。前足は捕獲肢となっており、巻貝やヤゴ、オタマジャクシなどを捕らえて食べます。触角は頭部後ろ側のポケットに収容されていて見えません。腹部後端の呼吸管はタイコウチなどと異なり伸び縮みします。

コオイムシ亜科昆虫は、すべての種のオス親が背中に産みつけられた卵を保護します。昔の文献の中には、コオイムシはメスが卵を背負うと書かれたものがありますが、子守は女性がするものという偏見が、科学的な眼を狂わせてしまったのでしょう。アフリカに生息するタガメモドキの仲間は、日本産のタガメと同じくらいの大きさがありますが、コオイムシ亜科でオスが卵を背負います。

タガメ亜科については1属とされてきましたが、最近日本産のタガメはレトケラス属から分けられてキルカルジア属となりました。タガメ亜科の全種のオス親が水草などに産みつけられた卵塊を保護するものと思われます。世界最大のナンベイオオタガメはブラジルなどに分布し、メスの体長は100㎜を越します。ホルバシニーナエ亜科昆虫はブラジルとアルゼンチンの国境付近で1属2種が確認されていますが、光に飛んできたわずかな個体が採集されているだけで、生態についてはほとんどわかっていません。

左からナンベイオオタガメ *Lethocerus maximus*、タガメ *Kirkaldyia deyrolli*、メキシコタガメ *L. uhneil*

オオコオイムシ（左）とオーストラリア産コオイムシ *Diplonychus* sp.（右）

タガメ亜科昆虫の幼虫の前足（左）には２本の爪があるが、成虫になると１本になる（右）。コオイムシ亜科昆虫では、成虫になっても爪は２本ある（下）

タガメモドキの一種 *Hydrocyrius* sp。ナイジェリア産で体長 70㎜になる（撮影：橋本）

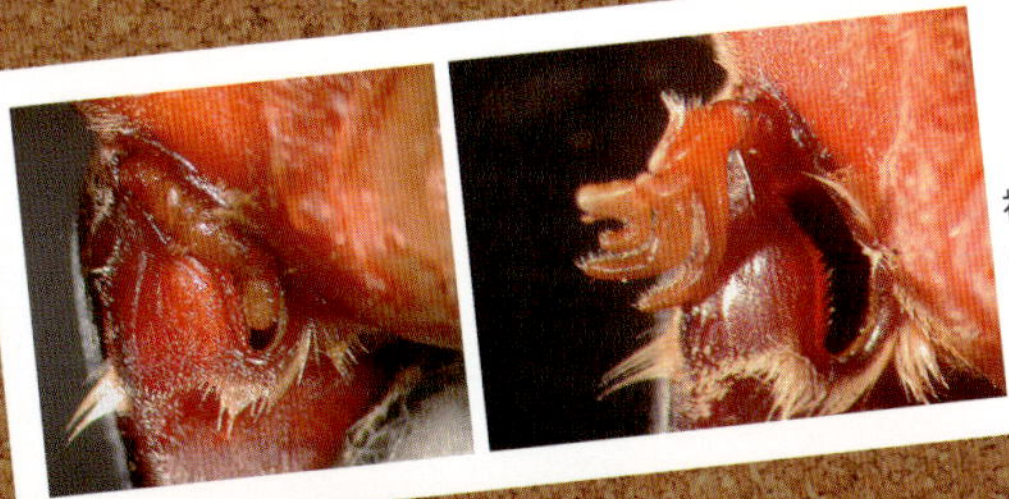

複眼の下側のポケットに収容されているタガメの触角、手のような形をしており引き出すことができる。種類によって触角の形が異なる

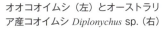

07 コオイムシとオオコオイムシ

コオイムシ（17～20㎜）とオオコオイムシ（23～27㎜）は体長が異なるため、容易に見分けられます。ときどき体長が23㎜より小さいオオコオイムシがいますが、両種が混在することは少なく、群れ全体を見れば見当がつきます。オオコオイムシ（茶褐色）のほうがコオイムシ（淡褐色）より若干濃い体色をしています。両種ともヤゴなど小型の水生昆虫やその幼虫をよく食べますが、コオイムシはモノアラガイなどの巻貝が大好きです。両種とも共食いが激しく、コオイムシ成虫のエサの半数は同種の幼虫だそうです。

ともに北海道から九州まで生息が確認されていますが、岡山県産幼虫の発育零点（最低発育限界温度）が、コオイムシ14・3℃、オオコオイムシ11・0℃とオオコオイムシの方が低く、オオコオイムシの方がより寒冷地に適した種と言うことができます。例外はありますが、関西では平地にはコオイムシ、より水温の低い丘陵地や山地にはオオコオイムシという傾向があります。また、コオイムシは深さが50㎝を越える池にも生息していますが、オオコオイムシが生息する場所は沼のような浅い湿地や池の縁で、深みで姿を見ることはほとんどありません。

コオイムシの産卵は3月末に始まり、盛夏に一度止まりますが、8月末に再び卵を背負った個体が現れます。夏前に羽化した新成虫の一部が、その年の内に卵を背負っているようです。オオコオイムシは年一化性で、新成虫がその年の内に繁殖を始めることはありません。新成虫は翌年と翌々年に繁殖します。

オオコオイムシ（左）とコオイムシ（右）、体格だけではなく卵の大きさもちがう。右の写真はコオイムシの産卵中に、オオコオイムシが割り込んで１卵産みつけたもの

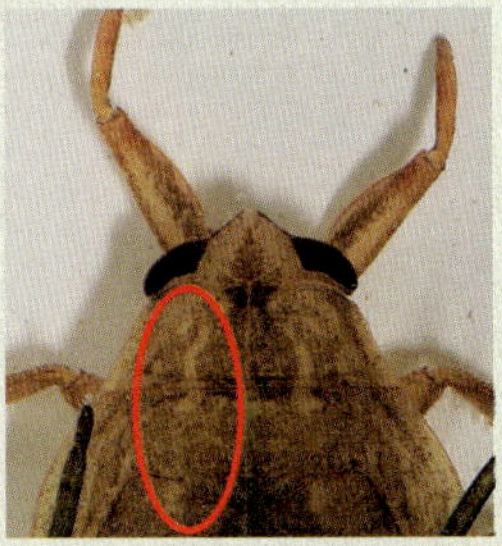

コオイムシ５齢幼虫
赤枠部がコオイムシ幼虫の特徴

オオコオイ５齢幼虫

サカマキガイを捕食するコオイムシ

イトトンボ幼虫を捕食するオオコオイムシの幼虫

08 オオコオイムシ、背中の卵数からわかること

兵庫県西部の沼では、4月初めに卵を背負ったオオコオイムシが出現します。卵を背負ったオスの割合は4月中は半数以下ですが、次第に増え、6月になると8割以上のオスが卵を背負うようになります。オスが背負う卵数は、初期には90卵以下が多く、100卵を超えるものはわずかですが、シーズン後半には半数以上が100卵を超え、130卵を超えるオス（左写真）まで現れます。野外で個体識別したオスの背中の卵数を調査していると、（30→82）、（62→89）のように前回の調査日と比べて卵数が増えているものがいます。オスは1個の卵塊を1日で背負っているのではないようです。それでは、オスは1匹のメスが産みつけた卵だけを背負っているのでしょうか。野外で採集したメスが体内に何個の成熟卵を持っているのか、解剖して調べてみたところ、4月20日は平均24卵、5月28日は平均32卵でした。1匹のメスがすべての卵を産みつけても、オスの背中の卵数にはとても届きません。少なくとも数匹のメスが産みつけていることがわかりました。

メスの持っていた平均成熟卵数は、6月29日になると10卵に下がります。オスはシーズン中に3～4回卵塊を背負いますが、6月半ばごろに多くの卵塊が孵化したのでしょう。多くのオスが一斉に卵塊を背負うため、メスの卵巣内の成熟卵数の値が少なくなったのです。メスにとって産卵場所（オスの背中）は限られた資源のようなものです。8割を超えるオスが卵を背負っている時期は、残った数少ないオスをめぐってメスの激しい争いが起こるはずです。

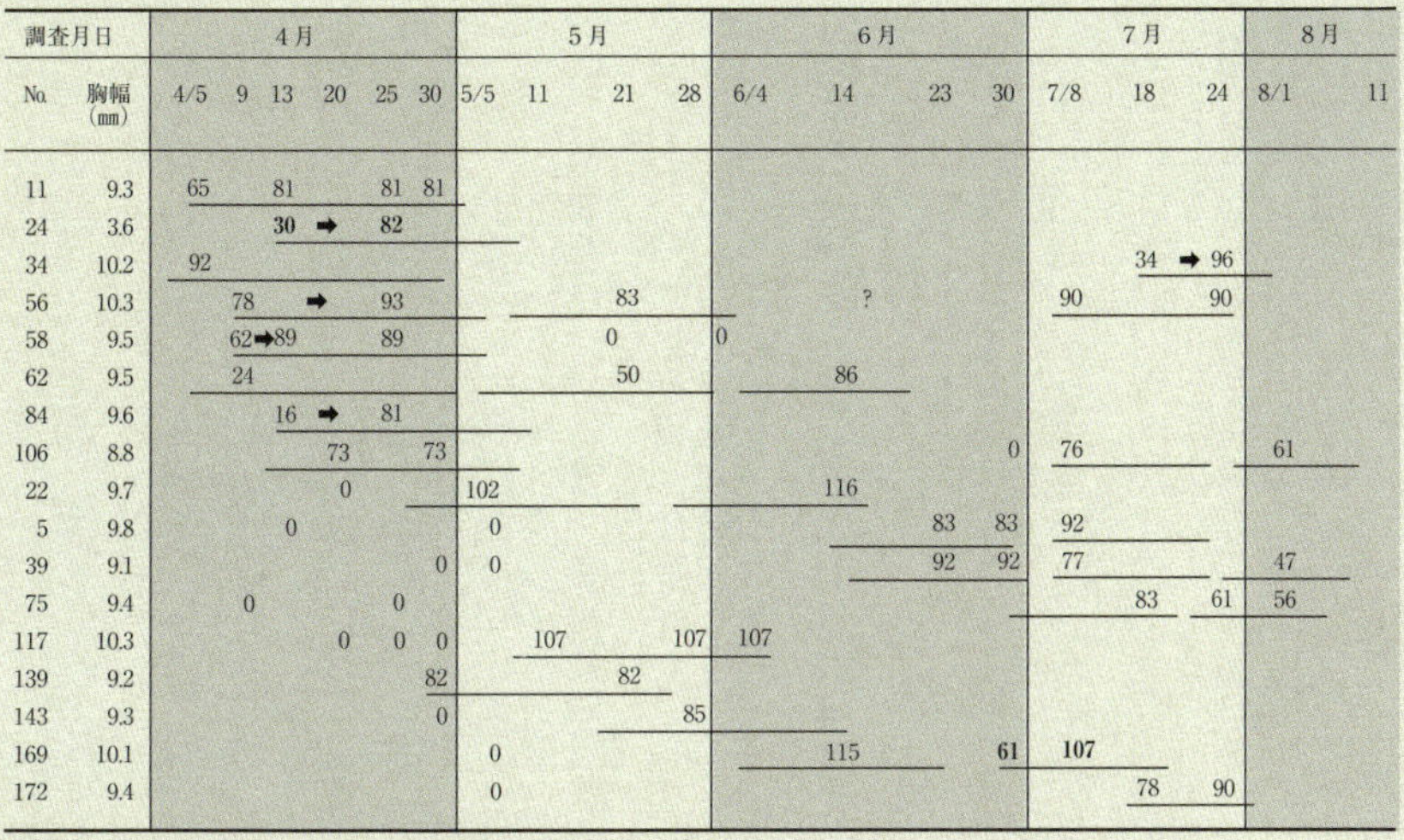

野外におけるオオコオイムシオスの個体別卵塊背負い記録（Ichikawa1989 を改変）

下線は個々の卵塊、数字は卵数を表す。

上段（No.11 ～ 106）は前年春にマーキングした２回冬を越したグループ、下段（No.22 ～ 172）は２回冬越した個体と、前年羽化した個体が混じっている。下段の卵の背負い開始が遅い個体が、前年羽化した個体と思われる。この図から、１シーズンに３個の卵塊を背負ったオスが確認できるが、？のついている時期にさらに１個の卵塊を背負っていた可能性がある。

調査地の雄が背負っていた卵数と雌の卵巣内成熟卵数（市川 1993 より）

調査日	3/9	4/4	9	20	30	5/11	21	28	6/14	23	29	7/8	18	24	8/1
雄数			7	10	17	16	24	19	26	24	37	27	36	32	15
平均卵数			66.4	76.6	78.2	79.6	78.2	85.3	100.6	103.7	93.7	102.8	75.4	83.3	56.4
雌数	5	5		5		10		10	10		10		10		4
平均卵数	0	23.0		24.2		26.8		32.2	26.0		10.2		8.9		1.5

＊雄数は卵を背負っていた雄の数、平均卵数は背負っていた卵の平均数
　雌数は捕獲し、解剖した雌の数、平均卵数は卵巣内成熟卵数の平均数

09 オオコオイムシの乱婚型産卵行動

限られた産卵場所をめぐってメスは競争するに違いないという仮説を証明するために、実験を行いました。オオコオイムシ（♂2、♀6）を容器（60×90cm、水深5cm）に入れて、産卵行動を観察しました。容器内には虫の足がかりとして木片を置きました。夕方まだ明るい内に産卵行動が始まりました。オスが木片の水面ギリギリの場所に止まり、中足を屈伸させて波を起こすと、複数のメスが集まってきました。競争に勝ったメスが交尾し、その後1卵だけオスの背中に卵を産みつけると、雌雄は離れました。再びオスが波を起こすと同じ事がおこりました。これらの行動が3時間以上続き、4匹のメスが1匹のオスに26個の卵を産みつけました。この間にもう1匹のオスにも15個の卵が産みつけられました。交尾後に別のメスが割り込み、交尾しないで産卵したことが2回ありました（左ページ図の★）。両方のオスに卵を産みつけたメスも3匹いました。

交尾しないで産みつけられた卵も無事に孵化したので、頻繁《ひんぱん》な交尾はオスの都合で行われていることがわかります。昆虫の精子は交尾後メスの受精嚢《のう》に貯えられ、産卵時に使われます。従って、受精嚢内には複数のオスの精子がつまっています。連続的に多数の卵を産みつけることを許せば、他のオスの精子で受精された卵をも背負うことになりかねません。しかし、1卵産卵するたびに交尾すれば、受精嚢の出口付近の受精に関与できる精子が自分自身のものである可能性は高まります。このために、オスは頻繁に交尾するのです。

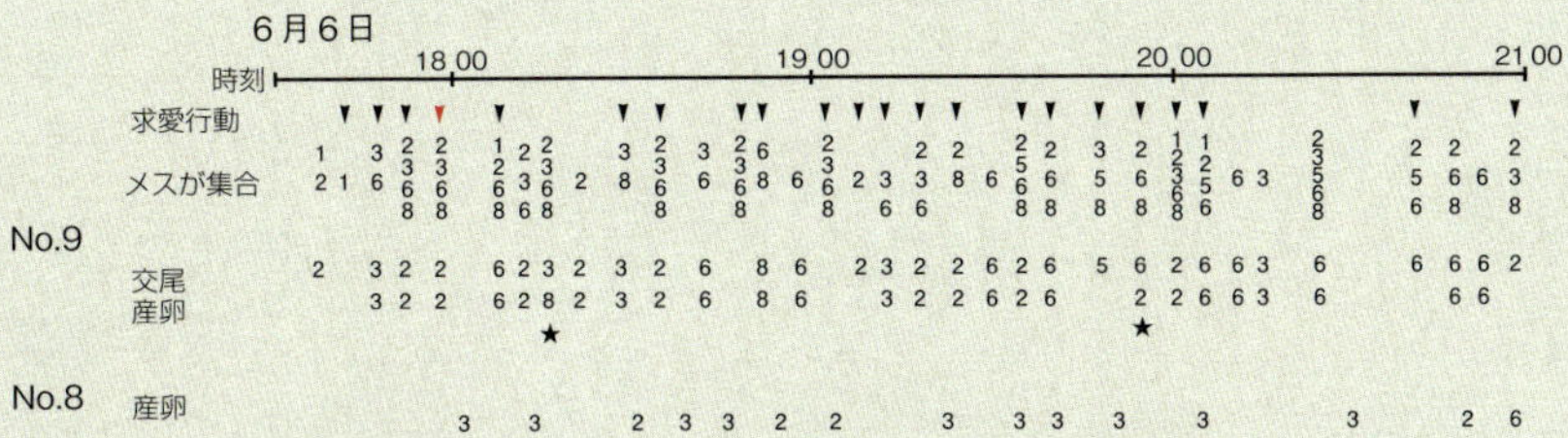

オオコオイムシの乱婚型交尾産卵行動（Ichikawa1989 より）

No.8、9はオスの個体識別番号、小数字はメスの個体識別番号、矢印（▼）はオスの求愛行動(中足の屈伸による波起こし)を表す。求愛行動のたびに数匹のメスが集まり争った。競争に勝ったメスが交尾し、その後1卵だけ産卵した。例えば、18時前の求愛行動（▼）では、No.2、3、6、8のメス4匹が集まり、そのうちNo.2が交尾産卵をしている。交尾から産卵に移行する間に、別のメスが交尾をしないで卵を産みつけることがあった（★）。

オオコオイムシの産卵

ふ化殻を背負ったコオイムシ何かに引っかけてふ化殻を外す

10 コオイムシ類のオスの卵保護行動

米国アリゾナ大学のスミスさんはコオイムシの一種（*Abedus herberti*）の行動を観察し、この虫の卵を背負ったオスが、水中の溶存酸素濃度の高い場所に自分自身の身を置くことによって、卵に十分な酸素を与えていることを見つけました。オス親の背中からはがしたこの虫の卵は、水の入ったコップの底に置いておくと窒息して死んでしまいます。また、空気中に放置すると、乾燥して死んでしまいます。この虫の卵を背負ったオス親は、流れの中の段差のある場所や、水面近くなどの酸素濃度の高い場所に居続けるそうです。

オオコオイムシの卵を背負ったオス親も同じような行動をします。オス親は左ページ写真のように水草の上に乗り、卵塊を水面上に突き出すような姿勢で1日の多くの時間を過ごします。卵に十分な酸素を与えているのでしょう。天気のよい日には上陸し、卵塊を太陽光にさらしていることもあります。水面上に出られないような状況でオス親を飼育していると、卵にカビが生えることがあります。卵を太陽光にさらす行動には、カビが生えるのを防ぐ意味があるのかもしれません。

卵は1卵ずつ順番に孵化しますが、幼虫が卵殻から出るたびにオス親は中足を屈伸させて、幼虫を波に乗せて脱出させます。孵化の瞬間がどうしてわかるのか不思議です。すべての卵が孵化すると、オス親は障害物に引っかけて孵化殻を外します。そして、数日後には新しい卵塊を背負っています。

卵を水中におき続けると窒息したり、カビが生えたりする。それを防ぐために卵塊を背負ったオス親は、時々自分自身が上陸して卵塊を太陽光にさらす。

卵を水面近くに持ち上げて１日の大半を過ごすオオコオイムシのオス

卵を水面近くに持ち上げるコオイムシのオス

上陸しているオオコオイムシのオス

カビの生えた卵を背負うコオイムシのオス

卵を水面上に持ち上げるタガメモドキのオス（撮影：橋本）

コオイムシのふ化。
１匹ずつ時間をおいてふ化する

11 タガメはマムシまで捕食する

タガメやコオイムシなどの口はセミと同じような針状の口で、口吻《こうふん》と呼ばれます。タガメなどは捕まえたエサ動物の体に口吻を突き刺しますが、同時に口吻の先端から口針と呼ばれる糸のように細い器官が出てきて、相手の体の奥に挿入されます。この口針の先から消化液を注入し相手の肉を消化します。消化した肉汁を、口針をストローのように使って吸い込みます。人間が胃腸の中でやっていることを体外で行っているわけです。この消化液には相手の体を麻痺させる成分が入っているため、捕らえられたトノサマガエルは数分の内に動かなくなります。コオイムシに捕食された巻貝は、きれいに肉がなくなって標本の貝殻のようになります。

水田のタガメの一番の好物はドジョウですが、最近ではドジョウのいる水田が非常に少なくなったので、おもにカエル類を食べています。カエルを捕まえたタガメは、それを数時間離しません。ときどき持ちかえて、別の場所に口吻を刺し込みます。口吻が刺さっていた場所は、ペコンとしたへこみができています。動くものなら、カブトエビでもトンボの幼虫でも何でも食べますが、時にはマムシの成体まで捕らえます。左ページのマムシの写真は兵庫県佐用町で撮影されたものですが、私自身もタガメに殺されたと思われるマムシを見たことがあります。昔タガメがたくさんいた頃は、コイやキンギョの養殖場の害虫として嫌われていたようです。食事中のタガメの成虫や幼虫が、獲物を持って植物などをのぼり、空気中に留まっていることがあります。多量にエサを食べたタガメは溺《おぼ》れることがあるため、水中から出ているのです。

ニシキゴイを捕食

トノサマガエルを捕食

ギンヤンマ幼虫を捕食

棒をのぼり、水から出てエサを食べるタガメ

マムシを捕食するタガメ
（大庭 2012 より）

12 タガメの産卵

タガメの繁殖は5月中下旬に始まります。日中ほとんど動かなかった雌雄は、日が暮れて周囲が薄暗くなってくると、急に動き始めます。ときどき植物などに止まり、オス（メス）が中足を屈伸させて波を起こします。この波を感じたメス（オス）は波を送り返します。メスが近くにいることを知ったオスは、激しく中足を屈伸させます。やがて、オスが止まっている植物などにメスがやってきます。交尾のために近づいてくるのは必ずメスで、オスがメスの方へ行くことはありません。産卵場所を決めるのはオスなのです。

体が触れるほど近くにいても、雌雄はしばらく波起こしを続けます。やがて、オスがメスに重なります。オスが後足でメスの体側をこすると、メスが交尾器を突き出し、交尾が始まります。水面下で30～60分の長い交尾を１、２回した後、雌雄ともに植物を何回かのぼり、産卵場所の確認をします。産卵場所が決まるとメスは降りてこなくなります。水中からのぼってきたオスはメスに重なり数分間の短い交尾をした後、水中へ降ります。これを数回繰り返すと、メスの産卵管（交尾器と同一）から出てきた白い泡とともに最初の卵が産みつけられます。この後もオスは数分間隔でのぼってきて交尾します。メスはオスが水中に降りている時に3～10卵を産みつけます。卵は始め薄緑色ですが、やがて黄白色に変わります。卵数は普通80～１００個です（左ページ表参照）。産卵が終わるとメスはその場から飛び降りて去っていきます。頻繁に交尾する理由はコオイムシ類と同じく、自身の精子で受精させる確率を高くするためです。

産卵場所で繰り返される交尾（Ichikawa1989を改変）

回数	始時刻	終時刻	卵数	回数	始時刻	終時刻	卵数
1st	21:59	22:08		12th	23:28	23:30	
2nd	22:20	22:28	1	13th	23:32	23:34	
3rd	22:41	22:48	4	14th	23:36	23:38	
4th	22:49	22:55	7	15th	23:40	23:42	
5th	22:56	23:00	10	16th	23:45	23:47	
6th	23:02	23:05	14	17th	23:51	23:52	
7th	23:07	23:10	18	18th	23:57	23:58	
8th	23:12	23:14	23	19th	0:03	0:04	
9th	23:16	23:18	33	20th	0:09	0:11	
10th	23:21	23:23		21th	0:14	0:16	88卵
11th	23:25	23:26					

水中での長い交尾

産卵途中の短い交尾

フトイに産みつけられた卵塊

杭に産みつけられた卵塊

13 タガメのオスは卵を育てる

産卵後、卵塊を親から離して放置すると、タガメの卵は乾燥して死んでしまいます。メスが去った後もオスは卵の近くに留まり、卵に水を与えて育てます。タガメの卵もコオイムシの卵と同様に十分な酸素と水が必要なのです。オオコオイムシの場合は、卵に十分な酸素を与えるためにオス親は水面近くに居続けましたが、タガメの場合は卵が空気中にあるため、オス親は水を与えなければならないのです。オス親は夜間に数回以上植物などをのぼり、卵塊におおいかぶさります。このとき、体表に付着した水や飲み込んできた水を卵に与えます。観察していると、ときどきおおいかぶさる場所を変え、異なる卵に吐き出した水を与えていることがわかります。親から離した卵も、スポイトなどを使って1日4、5回水をかければ無事に孵化します。直射日光が射すような場所に卵塊がある時は、オス親は炎天下に数時間以上卵塊におおいかぶさり、命がけで卵の乾燥を防ぎます。

チョウの卵は観察していても大きくはなりません。しかし、タガメの卵は次第に大きくなり、長さも重さも増えてきます。卵の中の胚《はい》は、外から与えられた水を吸収して成長しているようです。初期には約2週間、梅雨明け後は1週間ほどで卵は孵化します。卵は夜間から早朝にかけて孵化します。まず卵の先端部分が半球状に割れて、黄色の頭部が押し出されてきます。体のほとんどが殻から抜けると、そこで足が固まるまでしばらく休みます。それから、黄色い花びらがぱらぱらと散るように、幼虫が次々と水面に落ちていきます。

夜間の給水行動

昼間でも給水することがある

卵塊を直射日光から守るオス

卵は水を吸って成長する。左から、産卵日翌日、3日目、5日目、6日目の卵、右端は7日目の朝にふ化したふ化殻

正常に発育した卵塊は普通夜更けから早朝にかけてふ化する。ほとんどの卵は短時間の内にふ化し、ふ化率も高い。ところが、状態の悪い卵塊は日中にもふ化する。卵は時間をかけてバラバラにふ化し、ふ化率も低い。

14 タガメのメスが卵塊を破壊する

雌雄とも一夏に数回以上繁殖します。卵の孵化期間は高温ほど早くなりますが、どの温度帯でも、メスが次に産卵可能になるまでの期間の方が、卵の孵化期間よりも短いのです。つまり、産卵準備のできたメスがオスを求めても、オスはまだ卵の保育中で、オスが不足するのです。

成熟卵で腹部がふくれたメスは、日没後にオスを探して泳ぎ回ります。フリーなオスに出会えば、もちろんそのオスと交尾します。しかし、保育中のオスは、メスが近づいてくると、前足を振り上げて追い払おうとします。前足を使った争いがしばらく続きますが、オスの隙を見てメスが卵塊のついた植物などをのぼります。卵塊があるのをはじめから知っているようです。

卵塊にたどり着いたメスは、前足を交互に動かして卵塊をこわし始めます。発育が進んだ卵は簡単にはがれて、水面に落ちていきます。オスが慌ててのぼってきて破壊行動をやめさせようとしますが、オスの方が体が小さいためなかなか止めることはできません（体格差が小さい時は追い払うことに成功します）。オスは一度水中に降りてから再びのぼってきます。オスが水中に降りている間に、メスは卵塊をこわし続けます。オスがメスに重なり交尾することもあります。交尾中は破壊行動を中止しますが、オスが水中へ降りると再開します。卵数が10卵以下になると、オスの卵塊を守ろうとする行動が止まり、メスも破壊行動を中止します。

卵塊の保護をやめたオスは、その場でメスと交尾し（別の場所へ移ることもあります）、メスは産卵します。オスは新しい卵塊の保護を始めます。

メスに続いてのぼり、卵塊を守ろうとするオス（上）

オスが降りた後、卵塊破壊を再開したメス

破壊された卵塊

卵塊を破壊するメス

破壊中のメスと交尾するオス

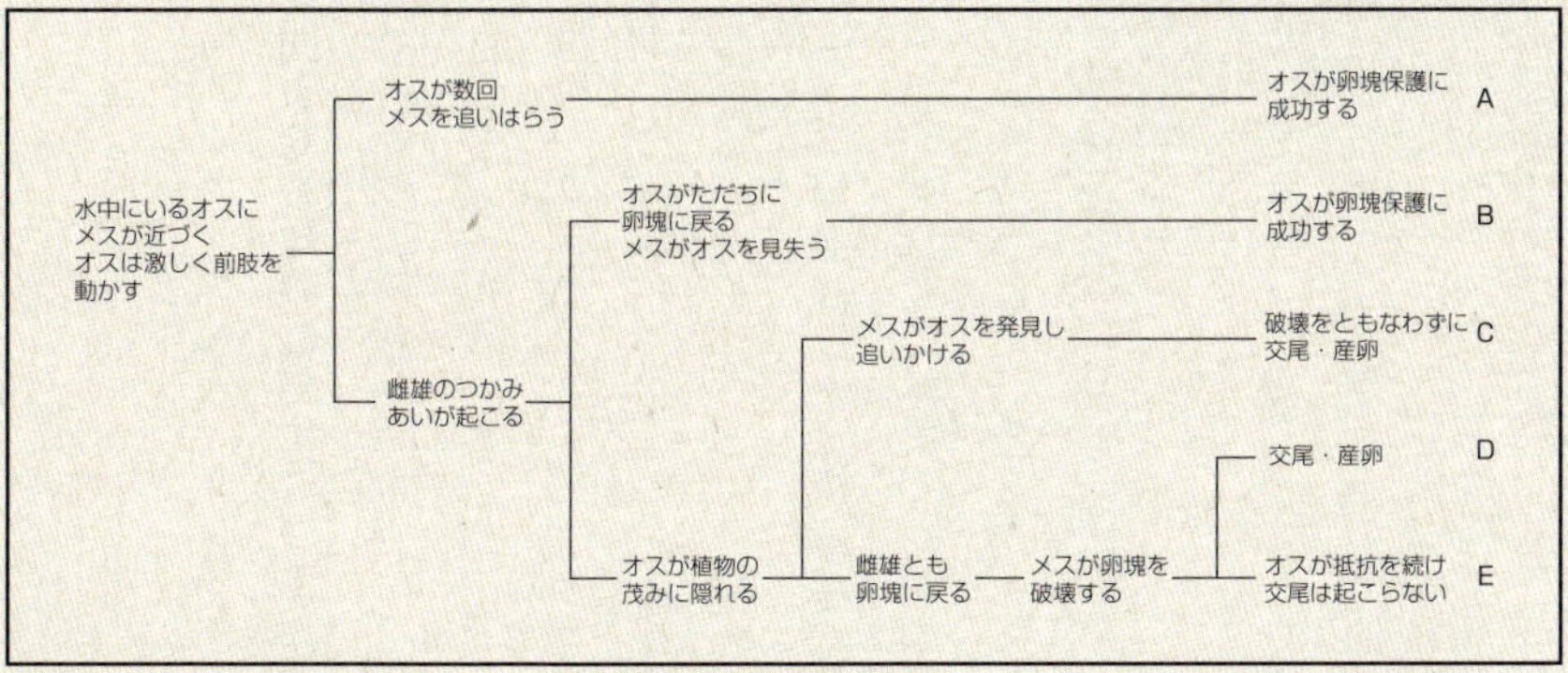

卵塊をめぐる雌雄の争いの流れ（市川 1991 より）
（A：２例、B：１例、C：１例、D：４例、E：１例）

15 2卵塊を並行して保護する

タガメの卵塊破壊行動の論文を私が発表してまもなく、アメリカのタガメ（*Lethocerus medius*）の卵塊保護行動についての論文がアメリカで発表されました。発表したのは、コオイムシ類の頻繁な交尾の謎を解いたアリゾナ大学のスミスさんたちでした。その論文には思いがけないことが書かれていました。メディウスのオスは、1匹目のメスが産卵して去った後、波を起こして次のメスを誘いました。やって来たメスは、他のメスが産んだ卵塊の直近に自らの卵塊を産みつけ、オスは2個の卵塊を同時に並行して保育したというのです。2卵塊並行保護は、オルドネさんにより別種のアメリカ産タガメ（*Lethocerus americanus*）でも確認されました。

それからの野外調査では、スミスさんの論文にあったような卵塊がないかどうか、注意深く探しました。そして、1997年に鹿児島県の池で左ページのような卵塊を見つけました。周囲はガマがたくさん生えているのに、この茎にだけ3個の卵塊が産みつけられていました。このうち2個はスミスさんの論文のようにくっついており、ともにほとんど孵化していました。2卵塊を並行して保護した可能性がありました。

そして、ついにタガメビオトープ（後述）で2個の卵塊を保護しているタガメを見つけました。1999年6月でした。2個の卵塊は少し離れて産みつけられていました。オス親は上の卵塊にも下の卵塊にもかぶさりましたが、下の卵塊に水を与えて降りてしまうことが多かったためか、下の卵塊は56卵すべてが孵化しましたが、上は80卵中47卵しか孵化しませんでした。

卵塊保護中の *L. medius* のオス（左）（photo by R.L. Smith）
２卵塊を並行保護していると思われるブラジル産タガメのオス（中、右）
（photo by R.M.Ordonéz）

鹿児島県で見つけたタガメのふ化殻
２個の卵塊（上二つの矢印）を同時期に保護したように見える

２個の卵塊を同時期に並行して保護したオス

16 外国産のタガメを飼育する

タイワンタガメ(*Lethocerus indicus*)は、中国南部からタイ、マレーシアにかけて広く分布する大型のタガメで、メスの体長は80㎜を越えます。沖縄県の与那国島《よなぐにじま》で採集されたこともあります。雨期にタイ国の市場に行くと、生きた成虫が食用として売られています。1994年に調査に行った時には、タイ北部の水田で成虫を採集することができました。この時とは別にタイ産の個体を飼育する機会があり、繁殖させました。卵塊破壊行動の有無を確認するために、卵塊保護中のオスのいる水槽に別のメスを入れてみました。このメスは卵塊の所までのぼっていきましたが、オスとの争いに負けて、水中に降りてしまいました。オスは交尾するような様子もなく、メスが「卵こわしに失敗した」ように見えました。1齢幼虫にはタガメのようなはっきりした縞模様《しまもよう》はありませんでした。

米国南部に生息する小型のタガメ(*Lethocerus uhleri*)を飼育した時も、1回しか機会がありませんでしたが、卵塊保護中のオスのいる水槽にメスを加えてみました。このときもタイワンタガメの時と同じで、雌雄は卵塊の上で争いましたが、卵こわしは起こりませんでした。米国産だからといっても、必ず2卵塊並行保護になるわけではないようです。

半世紀前の論文に、ナンベイオオタガメのメスが卵を食害した翌日に産卵したという観察が報告されています(Cullen 1969)。卵塊破壊に進むのか、2卵塊並行保護に進むのかは、種による違いではなく、なんらかの条件による違いなのかもしれません。

卵塊を保護するタイワンタガメのオス（左）、のぼってきたメスと争い、メスを追い払ったオス（中）、タイワンタガメの幼虫（右）

産卵中の *Lethocerus uhleri*（左）、卵塊保護中の同オス（中）
のぼってきたメスと争うオス（オスがメスを追い払うことに成功）（右）

タイ国北部水田でのタガメ調査。タイワンタガメ採集

17 なぜ卵塊を破壊するのか

日本産のタガメではどのような時に2卵塊並行保護が起こるのか、それはまだ解明されていません。しかも、それはまれにしか起こらないことであって、卵塊破壊の方が普遍的です。なぜ卵をこわすのでしょうか。先ほど述べたように、オス不足が起こるからです。限られた繁殖期間中にメスがより多くの卵を産むためには、まずは繁殖相手のオスを手に入れなければなりません。保育中の卵塊さえなくせば、そのオスは新たな繁殖相手になってくれるはずです。

卵塊破壊にはもう一つ意味があります。それを確かめるための実験をしてみました。14個の容器に当日孵化した1齢幼虫（A）を5匹ずつ入れ、次に半数の容器にだけ前々日に孵化した1齢幼虫（B）を3匹入れ、エサを与えて生残を比較しました。Bと同居したAグループ幼虫は先に2齢になった追加の幼虫に捕食され、合計7匹しか2齢になりませんでしたが。Aグループだけの幼虫は合計19匹が2齢になりました。卵をこわさずに別の卵塊の横に産み足した時、自分の卵が孵化した時には、周囲には先に孵化した幼虫がたくさんいます。この実験のように多くの幼虫が共食いされることになるでしょう。タガメのメスは、自らの子どもを守るためにも他のメスが産んだ卵塊はこわした方がよいのです。

一方、オスにとっては卵こわしはない方がよいに決まっています。卵こわしの途中で、のぼってきたオスがメスと争うだけではなく、メスに重なって交尾もします。交尾後メスが卵こわしをやめて産卵を始めれば、2卵塊並行保護になるのかもしれません。

お国のために我が身を犠牲にすることが美徳とされた時代の名残でしょうか、1960年代までは「動物は種の繁栄や保存に反する行動はとらない」と考える学者が数多くいました。「数が増えすぎてエサが不足すると、種全体を守るために一部のレミングが集団自殺する」という未確認の「おはなし」が、まことしやかに語られていました。そのような考えに基づくと、自らの繁殖を成功させるために他個体の乳児や卵を殺してしまうタガメのこのような行動（子殺し行動と呼ばれます）は、あってはならない、考えられない行動だったことでしょう。

1960年代初め、京都大学の杉山幸丸《ゆきまる》博士は、インドでハヌマンラングールというサルの研究をしていて、世界で初めて子殺し行動を観察しました。このサルは1頭のオスがハレムをつくり、複数のメスと暮らしています。ハレムの主に衰えが見えると、あぶれオスがハレムの主を追い出し、新しい主におさまります。この直後、新しい主は、メスザルたちが抱いていた乳児をすべて殺してしまいます。授乳しているメスザルは発情しないからです。主でいられる3年ほどの間に確実に自分自身の子を残すためには、乳児が邪魔だったのです。

杉山さんの論文は、「そんなことが起こるはずがない」と、初めは無視されました。しかし、ライオンなど他の動物で次々に同様な行動が発見される中で、世界で最初の子殺し行動の発見者として認められました。その後、動物は種の繁栄や保存のために行動するのではなく、自分自身の子や孫の数が最大になるように行動する、と考えられるようになりました。

18 それは卵から始まった

十分な酸素や水がないと育たないという卵の不思議な性質が、コオイムシ科昆虫の卵塊保護行動を発達させました。それが卵塊破壊という昆虫界ではほとんど例のない行動を生み出しました。タガメの卵には、なぜこのような性質があるのでしょう。スミスさんの説を紹介します。

コオイムシ科昆虫は中生代ジュラ紀（約2億年前）にはすでに出現していました。彼らが巨大なトンボの幼虫に対抗するには大きな体が必要でした。コオイムシ科昆虫は、成長のスタート地点（卵）を大きくすることによってそれを得ることに成功しました。しかし、ここで困ったことが起こりました。水中に産みつけられた魚や昆虫の卵（胚）は、水に溶けた酸素を取り込んで呼吸をしていますが、サイズが大きくなるほど卵は息苦しくなったのです。それは、必要な酸素は卵の容積に比例して増えるのに、酸素を取り込む面（表面積）はそれほど増えないからです（さいころの辺の長さが2倍になると体積は8倍になりますが、表面積は4倍にしかなりません）。

コオイムシの仲間は、背中の卵を水中の酸素濃度の高い場所に持って行くことによってこの問題を乗り越えましたが、さらにサイズの大きなタガメの卵は、水中では必要な量の酸素を得ることができなくなりました。卵を空気中に産むことにしたのですが、新たな問題が発生しました。空気中に産卵する昆虫の卵には、卵が乾燥しないようにワックス層がありますが、水中で発生する水生カメムシの卵はワックス層を失っていたのです。空気中に産みつけられたタガメの卵は、誰かに水をかけてもらわないと無事に発育しない、不思議な卵になったのです。

アメンボの卵

マツモムシの卵

カワニナに産みつけられたトゲナベブタムシの卵

オオミズムシの卵

ミズカマキリの卵

ヒメタイコウチの卵と１齢幼虫

水生カメムシの卵の大きさと産卵場所

種名	科名	長径（mm）	短径（mm）	産卵場所
ナミアメンボ	アメンボ	1.4	0.5	止水中の植物などの表面
マツモムシ	マツモムシ	2	0.6	同
オオミズムシ	ミズムシ	0.7	0.7	同
ナベブタムシ	ナベブタムシ	1.3	0.7	渓流中の石の表面
コバンムシ	コバンムシ	1.9	0.9	止水中の植物の組織内
ヒメミズカマキリ	タイコウチ	2.1	0.4	同
ミズカマキリ	タイコウチ	3.4	1	湿った土中やミズゴケ
ヒメタイコウチ	タイコウチ	3	1.2	同
タイコウチ	タイコウチ	3.4	1.5	同
コオイムシ	コオイムシ	2.2	1.1	オス親の背中の上
タガメ	コオイムシ	4.4	2.3	大気中の植物の表面

（市川 1997 を改変）

19 タガメの幼虫の成長と羽化

孵化し水面に落ちてきた黄色い1齢幼虫は、すぐには分散しません。オス親は卵塊の下に留まっている幼虫を保護します。半日ほどして黒い縞模様が現れる頃になると、幼虫は少しずつその場から離れていきます。1齢幼虫は翌日にはオタマジャクシやメダカを襲って食べるようになります。1尾のオタマジャクシに数匹の幼虫が群がっていることもあります。3、4日で脱皮して、薄緑色の2齢幼虫になると、黒い縞模様は消えます。脱皮は昼夜関係なく、水面に浮いて行われます。4回脱皮して終齢（5齢）幼虫になります。終齢幼虫になると、アマガエルや小さなトノサマガエルも捕食するようになります。

終齢幼虫の体色が赤みを帯び、エサを食べなくなったらいよいよ羽化が近づきます。羽化までの幼虫期間は、普通30～40日です。午後8～10時頃、それまで茂みなどに隠れていた終齢幼虫が、突然開けた場所に出てきて足を踏ん張ります。やがて、背中側の頭部と胸部の中央が割れて、黄白色の成虫の頭部が出てきます。割れ目がさらに広がり、体全体が押し出されるように出てきます。約1時間で羽化は終わり、黄白色のタガメが現れます。新成虫は、翌朝までには淡褐色の体色に変わります。

すべての幼虫が無事に羽化できるわけではありません。1齢幼虫の天敵はタイコウチです。タイコウチの多い水田では、多くの1齢幼虫が捕食されます。幼虫期間を無事に過ごしても、最後の羽化に失敗するタガメもいます。

ふ化直後の１齢幼虫

オタマジャクシを捕食する１齢幼虫

１齢から２齢へ脱皮

タガメの羽化（1）

ギンヤンマ幼虫を捕食する５齢幼虫

タガメの羽化（2）

20 タガメの冬越し

稲刈りのために水田の水が落とされると、夏に羽化した新成虫は、水田脇の素掘りの溝や近くのため池などに移動します。これらのタガメの多くは、11月初めまでに越冬のために水中から姿を消します。タガメの胸背に小さな電波発信機をつけて行った越冬場所探索調査で、里山の林床の落ち葉の下で越冬するタガメがいることはわかりましたが、すべての個体が里山に飛んでいくわけではありません。これまでに、水田の横の大岩の下、土手の枯れ草の山の下、池の土手に置かれていたトタン板の下など、さまざまな場所で越冬中のタガメが見つかっています。秋にタガメがたくさんいた小池で、4月初めに岸辺の枯葉をどけて調査したところ、半ば泥にもぐったタガメが出てきました。10月初めにたくさんのタガメがいたビオトープの中に泥を盛って島を作り、草を積み上げておいたところ、11月半ばにはタガメが草の下の泥にもぐって越冬していました。4月に野外で見つかるタガメの多くは、背中に泥を付着させていますが、このタガメのように泥にもぐって冬を越したものと思われます。

越冬の様子を観察するには、大型の容器に土と水を入れ、陸と水場を作り、陸に落ち葉を積みます。10月末に水の中にタガメを入れ、容器にふたをして屋外の陽の当たらないところに置いておくと、12月には落ち葉の下に潜って越冬しているタガメを観察することができます。越冬中のタガメは前足を折り曲げ、ひじを横に張ったような形で、死んだように動きませんが、暖めてやると5分ほどで動き始めます。

電波発信機をつけたタガメ

秋に小池に集ったタガメ

小池の岸辺で４月初めに泥の中で見つかったタガメ

タガメビオトープに造った島で、泥にもぐって越冬していたタガメ

大型容器内に水場と陸上部をつくり、陸上部には枯葉を積み、屋外で越冬させたタガメ。１月に枯葉をのけると、その下で越冬していた。

21 ミズカマキリとヒメミズカマキリ

厚い氷を割って氷の下のミズカマキリを採集したことがあります。越冬中のタガメのような仮死状態ではなく、すぐに網から逃げようとしました。寒波が来ても水底まで凍らないようなやや深い池や、川のよどみの水草のかげでミズカマキリは越冬します。小さな池に集団で越冬していることもあります。しかし、4月に100匹以上の個体を確認していた池でも、5月半ば頃には1匹もいなくなります。しろかきや田植えが終わった水田に飛んでいったのです。越冬明けの成虫はオタマジャクシやメダカなどを食べて繁殖に備えます。

交尾を済ませたメスは、夜間に畦の土中に産卵します。白い卵の上部から2本の呼吸糸が伸びています（45ページ）。この呼吸糸は、卵が水没した時に水中から効率よく酸素を取り込むための器官です。卵は10日ほどで孵化し、糸くずのような1齢幼虫が出てきます。幼虫はミジンコやユスリカ幼虫などを捕食して成長し、40〜50日で羽化します。しかし、羽化時期が来る前に中干しが行われる水田では、無事に羽化できる幼虫は多くはないと思われます。中干ししなかった水田では、新成虫は稲刈り前の落水時期まで水田で暮らし、その後池や川に移動します。

ミズカマキリよりも小さく色黒なヒメミズカマキリは、水草の茂った池や沼で暮らします。アメンボやコマツモムシ、ミズムシ類などを捕食しますが、メダカなどを襲うことはありません。7月の初め頃から産卵期が始まり、ヒシなどの水面近くに浮く植物に、長い呼吸糸のついた卵を産みつけます。卵は呼吸糸を使って水中の酸素を取り込みます。

代かき後の水田で交尾するミズカマキリ

畦に産卵するミズカマキリ

ミジンコを捕食するミズカマキリ１齢幼虫

ヤゴを捕食するミズカマキリ

水中で交尾するヒメミズカマキリ

アメンボを捕食するヒメミズカマキリ

ヒシの浮嚢に産みつけられた
ヒメミズカマキリの卵（右）

22 タイコウチとヒメタイコウチ

水田脇の素掘りの溝や岸辺の泥の中などで越冬するタイコウチは、タガメよりも目覚めが早く、4月半ばには多くの個体が活動を始めています。水中を泳いで移動するミズカマキリと異なり、タイコウチは水田などの浅い水場を歩いて移動します。ときどき長い呼吸管を水面に出して呼吸します。オタマジャクシや小エビ、小型の水生昆虫のほか、アマガエルなどの小さなカエルも捕食します。タガメの１齢幼虫の天敵でもあります。

5月初旬から繁殖を始め、畦の泥中や岸辺の苔などに、8本の呼吸糸がついた卵を産みつけます。飼育下では水を吸ってやわらかくなった棒杭や、生け花用の吸水スポンジなどにも産卵します。卵は半月ほどで孵化します。幼虫はユスリカ幼虫やオタマジャクシなどを捕食して、40~50日で羽化します。稲刈りが終わって半月以上たった水田で、コンバインで刻んだ稲わらの下でタイコウチを見つけたことがあります。羽化した場所からあまり動かないようです。

ヒメタイコウチは、湧《わ》き水が切れることのない斜面や、その下側の水深１~２㎝の水たまり周辺で見つかります。水から出て草の陰などに潜んでいることが多いです。クモやコオロギの幼虫、ワラジムシなどを捕食します。濃尾平野と兵庫、香川、和歌山県などに分かれて分布しますが、これは２００万年前の濃尾平野や瀬戸内海が湖だった頃の岸辺に生息していた名残と考えられています。飛ぶことができないため、開発により水脈が切断されたり、水路がコンクリート化されると姿を消してしまいます。

メダカを捕食するタイコウチ

タガメの１齢幼虫を捕食

交尾中のタイコウチ

５齢幼虫

ヒメタイコウチ成虫は、水中にはいない。
水たまりのそばの常に湿った場所に潜む

稲刈り後のわらの下でタイコウチを見つけた

23 コバンムシとメミズムシ

頭部と胸背の緑色が美しいコバンムシは、本州と九州に分布し、ヒシやジュンサイなどが茂る池や沼に生息します。元々生息する池はそれほど多くなかったのですが、2000年頃から急速に減少し、関西では非常に希少な水生カメムシの一つとなりました。岸辺の石の下などで越冬した成虫は、ユスリカ幼虫やコミズムシなどを捕食して栄養をつけ、5月下旬に産卵を始めます。卵はウインナソーセージの端をカットしたような形で、ヒシの浮嚢などに産み込まれます。卵は約20日で孵化します。幼虫は緑色の体に大きな赤い複眼が目立ちます。幼虫期間が40～50日で、産卵から羽化まで2か月以上かかります。産卵は7月下旬まで続きます。

ヒシが茂るような富栄養な池の水底近くの溶存酸素濃度は、夏の明け方などには1㎎／ℓを下回ります。川を泳ぐ魚ならすぐに窒息死するほどの低酸素濃度です。卵の窒息を防ぐために、コバンムシは酸素濃度の高い水面近くのヒシなどに卵を産みつけるのでしょう。

メミズムシは池の岸辺や水田の畦などにすむ体長5㎜ほどの半水生のカメムシです。驚かすと高くはねて逃げます。はねて水に落ちると、水面を泳いで戻ってきます。幼虫は背中に泥をかぶって身を隠す、まるで忍者のような生態です。アシブトメミズムシは、九州南部から沖縄にかけて分布する10㎜ほどの半水生のカメムシです。砂浜海岸の満潮時でも水没しない場所の、石や流木の下などの湿った場所に生息し、ハマトビムシなどを捕食します。左右の前羽が一体化しているため、飛ぶことができません。

コバンムシのすむジュンサイの茂る池

コバンムシ成虫

ヒシの浮嚢に産みつけられたコバンムシの卵

発生中のコバンムシの卵

岸の石の下で越冬中のコバンムシ

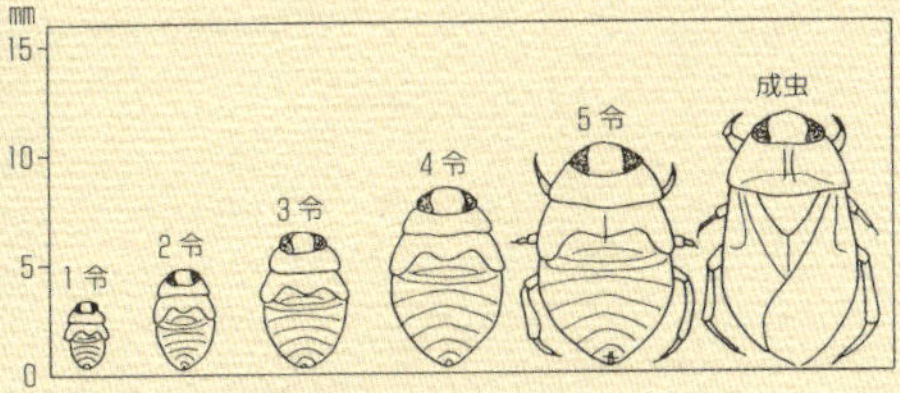

コバンムシ幼虫の成長（市川 1996 より）

メミズムシ

アシブトメミズムシ

24 ナベブタムシの仲間たち

ナベブタムシの仲間は流水中に生息し、腹側につけた空気の膜を使って呼吸します。流水中の酸素濃度は比較的高く、水中から膜の中へ溶け込んでくる酸素だけで生きていけるため、他の水生カメムシのように呼吸のために水面に行く必要がありません。まれに長翅型が出現しますが、普通は短翅型で飛ぶことができません。口吻は長く、刺されると非常に痛いです。

ナベブタムシは酸素濃度の高い渓流にすみ、カゲロウの幼虫などを捕食していると思われてきました。ところが生息を確認できていた河川が減少する一方で、流れの緩いコンクリート水路の砂利や砂がたまっている場所で最近次々に見つかり、生息密度も渓流よりもむしろ高いのです。「渓流にすむ」というイメージを変更する必要があるでしょう。

トゲナベブタムシは、三田市を流れる武庫川などの河川の中流域にも生息しますが、姫路市や佐賀市などの市内を流れる水路に多数生息しています。姫路市内の水路は三面コンクリートの水路で、周年水が流れています。所々に小砂利が混じった砂がたまっていて、その砂だまりのほとんどの場所に本種が生息しています。4月末に成虫で越冬した個体の産卵が始まり、その後に幼虫で越冬した個体が羽化して産卵を始めるため、ほぼ周年幼虫と成虫を見ることができます。コカゲロウやモンカゲロウ類の幼虫だけではなく、ヒラタドロムシ幼虫やヌマエビ類なども捕食します。本種はこの水路ではおもにコンクリートの壁に卵を産みつけます。出水時にも移動することがないコンクリート壁は、この虫にとって良好な産卵場所だと思われます。

ナベブタムシが多数いたコンクリート水路

はねの後半が摩耗したナベブタムシ長翅型

ナベブタムシ短翅型

砂と砂利が混じる場所にいる

交尾中のトゲナベブタムシ

モンカゲロウ幼虫を捕食するトゲナベブタムシ

トゲナベブタムシ４齢幼虫

トゲナベブタムシがすむコンクリート水路

25 マツモムシとオオミズムシ

マツモムシ類は腹側に空気の膜をつけて仰向けに泳ぐため、イギリスではバックスウィマーと呼ばれます。泳ぐのをやめると、水草などにつかまっていない限り、空気の浮力で水面まで浮いてきます。水面に浮いた時も、仰向けのままです。水中で冬を越したマツモムシの産卵は、3月下旬から4月上旬に始まります。交尾を終えたメスは、水草の茎や葉に卵を産みつけます。卵は約10日で孵化し、親とよく似た形の幼虫が出てきます。5月になるとさまざまな齢の幼虫が網に入るようになります。4齢、5齢幼虫は白い腹部が目立ち、別種のようにも見えます。7月末までにほとんどの幼虫は羽化します。成虫は水面から直接飛び上がることができます。

マルミズムシ（9ページ）も水面を背泳ぎします。マルミズムシは魚採り用の網の目を通ってしまうほど小さい虫で、気づく人は少ないですが、植物の茂った浅い池には普通にいます。拡大すると、よろいを着た中世の騎士のように見えます。

ミズムシの仲間も腹側に空気の膜をつけて潜水しますが、背泳ぎにはなりません。背を上にして後足をボートのオールのように動かして泳ぎます。マツモムシ同様に、水中では何かにつかまっていないと浮いてしまいます。オオミズムシの卵は、2月下旬から3月上旬にかけて水草などに産みつけられます。初期の卵は孵化まで1か月以上かかります。4月中旬には1～3齢幼虫が現れ、6月中旬になると幼虫の姿が消えます。越冬成虫は産卵終了後死亡し、7月には新成虫ばかりになります。

マツモムシ成虫

マツモムシ幼虫

死んだハイイロゲンゴロウに群がるマツモムシ

コマツモムシ成虫

オオミズムシ成虫

コマツモムシ幼虫

26 アメンボの仲間たち

アメンボの仲間は足の先に細かい毛がたくさん生えています。この毛に足から分泌された油が塗り広げられているので、アメンボ類は水に浮くことができるのです。浅い池や水田で水底にできたアメンボの影を見ると、足の先に毛のたばがあるのがわかります。水面にバッタなどが落ちてもがくと、アメンボたちが捕食のために集まって来ますが、バッタが起こした波をこの毛で感じることができるからです。なかまのアメンボが獲物の方へ向かっていることももちろんわかっています。自分で波を起こして情報の交換をすることもできます。オスが繁殖のためにメスを誘う時は、激しく波を起こします。

ヒメアメンボとハネナシアメンボ（15ページ）は体長が同じくらいですが、後者には羽がないのですぐに区別できます。しかし、陸上の越冬場所には飛んでいかなければならないため、秋には羽のある型が出現し、両者の区別が難しくなります。流水にすむシマアメンボも移動の時期になると長翅型が出現します。タガメのように羽を乾かしたり、ウォーミングアップをする必要もなく、アメンボたちは水面から巧みに飛び立ちます。池や水田の岸ぎわの草かげなどに群れている体長2㎜ほどのカタビロアメンボの仲間は小さくて気づきにくいですが、岸から落ちてきた虫などに集団で襲いかかります。カタビロアメンボ類は、高温期でも長翅、無翅の両方の型が見つかります。ヒメイトアメンボは足が短く、水面を歩いて移動します。水田では稲の害虫であるウンカ類を捕食します。外国には左ページのような美しいアメンボもいます。

交尾中のアメンボ

死んだバッタに群がるアメンボ

流水で暮らすシマアメンボ

交尾中のヒメイトアメンボ

アメンボとその影

ケシカタビロアメンボ

ボルネオの美しいアメンボ（撮影：松下）

第3章　ゲンゴロウの仲間たち

27 ゲンゴロウは早起き

4月初め、池の水底で越冬したゲンゴロウはもう活動を始めています。長い毛が生えた後足を、ボートのオールのように動かして水中を泳ぎ回ります。ときどき水面へ浮かび上がり、お尻《しり》の先を水面から突き出すようにします。ゲンゴロウも、タガメと同じように羽の下に空気をためて潜水します。水中からその空気の層に酸素が溶け込んでくるのですが、それだけではたりないので、水面に腹端を突き出して新しい空気を取り込んでいるのです。小型のゲンゴロウ類は羽の下だけではなく、腹端に空気の泡をつけて潜水します（11ページ）。池から突き出した木の枝などにゲンゴロウがのぼり「ひなたぼっこ」をしていることがあります。体表を殺菌しているのです。これをさせないで、水槽で長く飼育していると体表に水カビが生えてきます。

ゲンゴロウの仲間は肉食性で、水面に落ちてきたトンボやバッタなどを捕食します。死んだ魚に群がっていることもあります。においに敏感で、魚肉やイカなどを池や水田に沈めておくと遠くから集まってきます。タガメのように口吻を刺して吸うのではなく、獲物の体を強い顎でムシャムシャとかじりとっていきます。

ゲンゴロウ類の雌雄は、前足の形で区別できます。種類によって形は違いますが、オスの前足の跗節《ふせつ》は変形して吸盤になっています。オスは交尾する時、この吸盤を使ってメスの背中にしがみつきます。メスの前足には吸盤はなく、中足と同じような形をしています。

ゲンゴロウと後足

後足

メスの前足

オスの前足裏側

日光浴、コガタノゲンゴロウ

水面で空気を取り込むゲンゴロウ、足のつけ根にミズカビ付着

水面に落ちたトンボを捕食するゲンゴロウ

28 ゲンゴロウ類の交尾

水槽で飼育しているゲンゴロウは、秋には産卵しませんが、10月頃から交尾を始めます。春から初夏にも交尾します。野外での産卵は4月下旬には始まっているので、野外でもそれ以前に交尾しているはずです。交尾する時、オスは前足の吸盤をメスの背中に付着させて、姿勢を安定させます。交尾時間は長く、1時間以上続きます。交尾時間が長いのは、精子のつまった大きな精包を送り込むのに時間がかかるからかもしれません。精包の受け渡しに失敗して、お尻の先に精包をぶら下げて泳いでいるメスをたまに見ます。ゲンゴロウモドキの場合、交尾を済ませたメスの腹端には白い精包の一部が見えますから、交尾済みであることがすぐにわかります。他のオスが再交尾できないように、交尾栓の役割をしているのかもしれません。

オスに追い回された後、水底の枯葉の下に隠れて逃げ切ったメスを、野外の池で観察したことがあります。オスから大きな精包をもらったメスは、当分の間受精卵を産み続けることができます（1回だけの交尾ではシーズン後半に未受精卵を産むことがあります）。従って、頻繁に交尾する必要はありません。しかし、水槽内ではオスは何回も交尾しようとします。狭い水槽内ではなかなか逃げ切れず、まもなくオスにつかまってしまいます。交尾時間が長いので、つながったまま水面に浮上し羽の下の空気を入れ換えるのですが、下側にいるメスは空気交換がしにくいのでしょうか。メスが溺れて死んでしまうことがあります。野外で見たメスが必死に逃げていた理由がわかるような気がします。

オスが前足の吸盤を使ってメスをつかまえ、交尾体勢に入る（シャープゲンゴロウモドキ）

交尾中のゲンゴロウ

交尾中のゲンゴロウモドキ

精包の受け渡しに失敗したゲンゴロウ

交尾栓をつけたゲンゴロウモドキのメス

29 ゲンゴロウの産卵

ゲンゴロウの産卵は4月中~下旬に始まります。水田にはまだ水がなく、産卵は池で行われます。田植えの遅い地方を除けば、5月中旬までには水田に水が入り、ゲンゴロウの多くは水田に移動して、そこで繁殖していました。過去形にしたのは、今でもゲンゴロウが繁殖している水田は、山間の棚田地帯などにわずかに残っているだけだからです。

ゲンゴロウは水草の茎を顎《あご》でかじって直径数㎜の穴を開け、産卵管をさしこんで長さ10㎜ほどの細長い卵を産みつけます。1か所に1卵、場所を変え、日を変えて2か月ほど産み続けます。ところが除草剤を常用するようになった水田には、ゲンゴロウが産卵できる草がなくなってしまったのです。ゲンゴロウは、オモダカ類やコナギ、イボクサ、セリ、ガマなど多くの水生植物の茎に産卵しますが、茎の表皮が硬く、中が中空の最近のイネには産卵しないのです。たとえ草が残っていて産卵できても、終齢幼虫が上陸して蛹《さなぎ》になる前に、中干しにより水が無くなります。乾田化された水田はゲンゴロウが繁殖できる場所ではなくなりました。

池や沼では今でも繁殖しています。池では、ガマやマコモ、カンガレイ、コウホネ、ヒツジグサなどに産卵します。コナギなどの茎の表皮が腐って卵がむき出しになることもありますが、ゲンゴロウの卵は無事に孵化します。植物組織の中に卵を埋め込むのは、卵を外敵による捕食から保護するためと思われます。産卵から2週間ほどたつと、産卵孔から白くて細長い1齢幼虫が出てきます。

日	1				5					10					15					20					25					30	
№1																															
6月													1														2	1	2		
7月										1	2	1							1					1	3						
№2																															
6月								1		1																		2	1		
7月	1		1										2		2			2				1		1	1				1		2
№3																															
6月							1	1	1		1	1												2	2	4		2			
7月	1	2				1	1				1				2	1							3	1	2			4			
8月						2																									

ゲンゴロウの産卵パターン（市川 2002 より）
数字はその日までの産卵数、総産卵数は、No.1:（6月･6卵、7月･9卵）15 卵、No.2:（6月・5卵、7月・14 卵）19 卵、No.3:（6月・15 卵、7月・19 卵、8月・2卵）36 卵

オモダカに産卵した穴

オモダカに産んだ卵

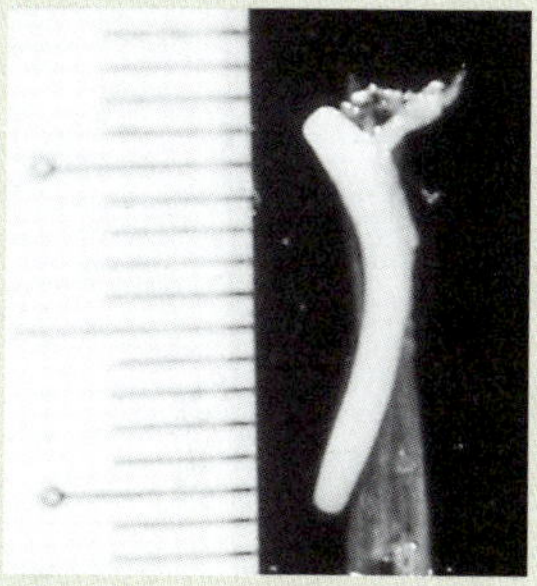
植物組織から取り出した卵

ゲンゴロウが産卵する植物

コウホネ類

オモダカ類

ガマ類

ミクリ類

30 ゲンゴロウ幼虫の成長と蛹化、羽化

ゲンゴロウの幼虫は、ユスリカやトンボの幼虫、オタマジャクシなどを捕食して成長します。強大で鋭くとがった大顎で獲物を捕らえると、大顎から毒性のある消化液を相手の体に注入し、消化された肉を再び大顎から吸い込みます。タガメの食べ方とよく似ています。非常に獰猛《どうもう》で、複数の幼虫を同じ容器で飼育すると、互いにかみ合いをして全滅することがあります。かまれると非常に痛く、昔は「田のムカデ」と呼ばれて恐れられていたそうです。成虫と異なり、幼虫は泳ぎが上手ではありません。1齢幼虫は体をくねらせるようにして泳いで水面近くまで行き、水草などに止まり、尾端を水面上に突き出して呼吸します。水田などの浅い場所では、大きく育った幼虫は、水底から直接尾端を水面上に突き出します。

1齢幼虫は2回脱皮して終齢幼虫になります。孵化から40日ほどたつと、終齢幼虫は80㎜ほどに成長し、鉛筆くらいの太さになります。丸々太った終齢幼虫は夜間に上陸し、池の岸近くや水田の畦に穴を掘って潜り、土中に直径40㎜ほどの球形の蛹室《ようしつ》をつくります。終齢幼虫は蛹室内で約10日後に脱皮し、真っ白な蛹になります。

ゲンゴロウは、蛹化《ようか》後さらに10日ほどして羽化します。羽化直後のゲンゴロウは白い色をしていますが、8時間ほどかけて、茶色を経て通常の黒色に変わります。羽化直後の体はまだ柔らかく、数日間蛹室内で過ごし、体が硬くなってから地上に出てきます。卵が孵化してから約2か月かかるため、新成虫が出現するのは7月以降です。

1齢幼虫が水面で呼吸

ユスリカ幼虫を捕食する1齢幼虫

終齢幼虫の大きさ

終齢幼虫がヤゴを捕食

ゲンゴロウの蛹室

ゲンゴロウのサナギ

羽化終了直前

羽化数時間後

31 再発見されたシャープゲンゴロウモドキ

シャープゲンゴロウモドキは、北方系のゲンゴロウモドキの仲間が寒冷期に本州に進出したもので、氷河期の生き残りと言われています。オスの前羽はゲンゴロウと同じように平滑で光沢がありますが、メスには前羽に左右それぞれ10条の溝があるものがいます。一時は絶滅したのではないかと心配されていましたが、１９８４年に房総半島で再発見されました。その後、新潟、石川、富山、滋賀、島根などで次々に再発見されましたが、乱獲などによって姿を消し、現在も確実に残っているのは千葉、石川、富山の３県だけと思われます。見つかりにくかったのは、夜行性で日中は泥に深くもぐっているためかもしれません。大阪市立自然史博物館には１９４３年に枚方市で採集された本種の標本が残っていて、これが大阪産の最後の標本と言われています。しかし、１９７５年に地下鉄工事の関係で行われた大阪市平野区の弥生時代の遺跡調査で前羽が見つかっており、都市が発達する前の大阪には多数生息していたのかもしれません。

北方系の種らしくシャープゲンゴロウモドキは晩秋から早春にかけて交尾し、２～４月に産卵します。初期の卵は20日以上かけて孵化します。幼虫の形態はゲンゴロウやクロゲンゴロウなどと異なり、尾端に２本の突起があります。幼虫は等脚類のミズムシやフタバカゲロウ類の幼虫などを捕食して成長し、30～40日で上陸して土中に蛹室をつくります（室温で飼育した幼虫は25日ほどで上陸）。蛹室内で蛹になり、上陸後20日ほどで羽化します。現在は種の保存法で、本種の採集や販売は禁止されています。この法にふれて逮捕された人もいます。

シャープゲンゴロウモドキのオス

メスには前ばねにスジのあるものとスジのないものがいる

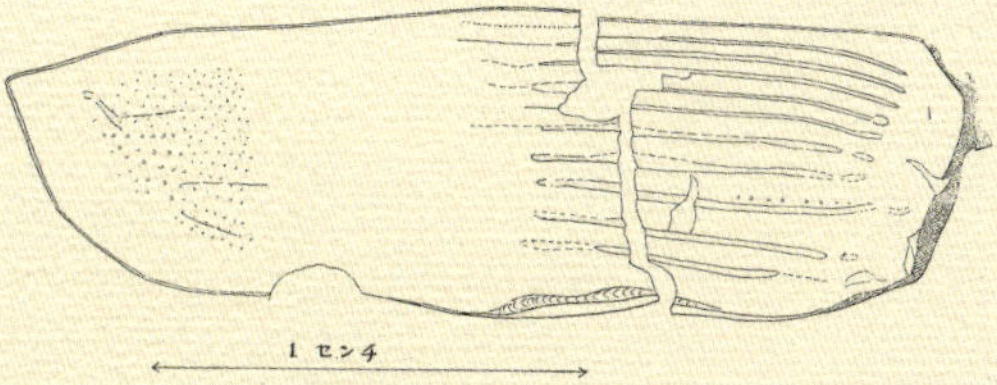

大阪市の弥生時代の遺跡から発見されたシャープゲンゴロウモドキの前ばね（日浦 1979 年より）

シャープゲンゴロウモドキ幼虫（上）
同サナギ（右）

蛹室のなかで羽化したシャープゲンゴロウモドキ

ゲンゴロウモドキのメス　すじなし型（左）、すじあり型（右）

32 北海道、沖縄のゲンゴロウ

沖縄にはゲンゴロウはいません。代わりによく似たフチトリゲンゴロウやヒメフチトリゲンゴロウが生息します。クロゲンゴロウの代わりにはトビイロゲンゴロウが、シマゲンゴロウの代わりにはオキナワスジゲンゴロウが生息します。いずれも本土ではほとんど見ることができない南方種ですが、南方種だけがいるわけではなく、ヒメゲンゴロウやマメゲンゴロウのような、本土で普通に見ることができる種類も少なくありません。沖縄では水田は元々多くはなかったのですが、サトウキビ畑などに転換されて、水田はさらに少なくなっています。しかし、残された水田には、オキナワスジゲンゴロウやコガタノゲンゴロウ、ウスイロシマゲンゴロウなどを見ることができます。

北海道には、千島やサハリンと共通の種や近似種で、北海道や東北地方を南限とする北方種が多数生息します。ゲンゴロウモドキは北海道と青森県にしか分布しませんし、カラフトマルガタゲンゴロウやマツモトマメゲンゴロウは、北海道にしか分布しません。メススジゲンゴロウは北方種で北海道の湖に生息しますが、東北地方や長野県の標高の高い湖でも見ることができます。ゲンゴロウモドキのメスには、前羽がオスと同じようなタイプと、前羽に10条のすじがあるタイプの2型があります。大きなミズバショウが茂っているような湿地の、水たまりの泥をかき回していると泥の中から出てきます。北海道南部の渡島半島では、平地のため池にはゲンゴロウが、標高の高い沼にはゲンゴロウモドキが生息します。

コガタノゲンゴロウ（撮影：大嶋）

オキナワスジゲンゴロウ（撮影：大嶋）

河川脇のくぼみに生息するリュウキュウオオイチモンジシマゲンゴロウ（撮影：大嶋）

メススジゲンゴロウのすむ湖

メススジゲンゴロウメス（左）、オス（右）

オオヒメゲンゴロウがすむ北海道の無農薬栽培水田とオオヒメゲンゴロウ

33 中型のゲンゴロウ類

農業や農村が近代化する過程で多くのゲンゴロウ類が数を減らしましたが、あまり減っていない種類もいます。ハイイロゲンゴロウ（11ページ）もその一つです。近くに池や水田のない海岸の埋め立て地の水たまりでこの虫を見たことがあります。都市公園内のコンクリート池や学校のプールで見ることもあります。おそらく飛《ひ》翔力《しょうりょく》が強いのでしょう。飛び回って、エサの多い場所を見つけるとそこで繁殖する、というパイオニアタイプの虫なのかもしれません。

最近数が減っていますが、水田の中型ゲンゴロウと言えば、シマゲンゴロウやコシマゲンゴロウ、ヒメゲンゴロウが代表的でした。中型のゲンゴロウ類は、卵の孵化期間（シマゲンゴロウで3日）、幼虫期間（同15日）ともに大型種と比べると短いので、中干しで水田の水がなくな

コシマゲンゴロウの成虫と幼虫

シマゲンゴロウと幼虫

る前に終齢幼虫は上陸可能です。卵は植物組織内ではなく、水草の表面に産みつけられるので、稲への産卵も可能です。幼虫は尾端の突起が2本あります。

クロズマメゲンゴロウもあまり数が減っていない種類です。ため池などに生息し、水田ではあまり姿を見ません。この虫は初夏には繁殖しませんが、12月初旬と3月下旬にため池で幼虫の姿を見ていますから、晩秋に産卵し、幼虫で冬を越し、早春に上陸するものと思われます。マメゲンゴロウも秋繁殖で、11月に野外で幼虫を確認しています。ヒメゲンゴロウの幼虫も晩秋に見つかりますが、こちらは新成虫がその年の内に繁殖して年間数世代が出現することがわかっています。

クロズマメゲンゴロウと幼虫

ヒメゲンゴロウと幼虫

34 微小なゲンゴロウ類

コツブゲンゴロウ科とゲンゴロウ科に含まれる日本産の甲虫は、亜種を含めると現在140種を超えますが、その半数以上が体長5㎜以下の微小種です。体長が3㎜に満たない種類も少なくありません。釣具店で売られているような網では、これらの微小種は目から抜けてしまいます。これらを採集するには、熱帯魚店で売っているような目の細かい網が必要です。

水田で最も普通に見ることができる微小種は、体長2㎜のチビゲンゴロウです。ゴマ粒ほどの大きさしかありませんが、ルーペを使って観察すると、ゲンゴロウの仲間だと言うことがよくわかります。運がよければケシゲンゴロウやツブゲンゴロウの仲間が水田で網に入ることもありますが、これらの種類は、水田よりも放棄水田や植物の茂った浅い沼に多く生息しています。

ツブゲンゴロウ　体長5㎜

チビゲンゴロウ　体長2㎜

コマルケシゲンゴロウ
体長2～2.5㎜

ケシゲンゴロウ　体長5㎜（左）と幼虫（右）

ケシゲンゴロウは野外では4月初旬から姿を見せますが、角が生えたような形をした幼虫は7月にならないと出現しません。ケシゲンゴロウやツブゲンゴロウの仲間は前羽に独特の模様を持つ種類が多いので、採集したらぜひルーペを使って観察してほしいと思います。

清流にはモンキマメゲンゴロウのような中型種もいますが、水底の石の間や植物の根元を探ると微小種が網に入ります。キボシケシゲンゴロウやゴマダラチビゲンゴロウ（17ページ）などの黒字に黄色い水玉が美しいゲンゴロウたちです。

これらの微小種の多くは、生活史がほとんどわかっていません。幼虫の形がわかっていない種もあります。飼育して新たな発見に挑戦してみるのも楽しいと思います。

コツブゲンゴロウ　体長4㎜

ルイスツブゲンゴロウ　体長5㎜

セスジゲンゴロウ　体長6㎜

キボシケシゲンゴロウ　体長 2.5㎜

マルチビゲンゴロウ　体長 1.5㎜

35 ガムシやコガムシのなかまたち

ガムシの腹側を見ると、胸部から尾端に向かって体に沿うように牙《きば》のような形をした細長い器官がついているのがわかります。これがガムシ（牙虫）の名前の由来ですが、この器官がどんな役割をもっているのかまだ解明されていません。水底の草かげなどで冬を越したガムシは、4月初めにはもう活動を始めています。ガムシの後足にも毛が生えていますが、ゲンゴロウのように密ではなく短いため、あまり上手には泳げません。そのためか、水面に上昇する時も、泳いで行くよりも水草を伝ってのぼって行くことが多いです。ゲンゴロウのように羽の下に空気をためるのではなく、マツモムシのように腹側に空気の膜をつくって潜水します。水面で新しい空気を取り入れる時も、尾端ではなく頭部の触角を水面上に突き出して行います。魚の死骸《しがい》などにも寄ってきますが、基本的には植物食で腐りかけたやわらかい水草が大好きです。キュウリをエサにして飼育することができます。

5月初めになると、水草の浮葉などの下に、排泄孔《はいせつこう》から出す糸で繭《まゆ》のような卵嚢《のう》をつくってその中に卵を産みます。この卵嚢には煙突のような形の器官がついています。孵化した幼虫は卵嚢に穴を開けて出てきます。幼虫は黒ずんだイモムシ状で牙のような大顎を持ちます。モノアラガイ、ヒラマキミズマイマイなどの巻貝が大好きで、大顎を使って殻をこわし、内側の肉を食べます。終齢（3齢）幼虫は孵化後半月ほどすると上陸し、土中で蛹になります。コガムシ、ヒメガムシも繭のような卵嚢をつくります。

ガムシのオスの前足

ガムシのメスの前足

コガムシ成虫

コガムシ幼虫

コガムシ卵嚢

ガムシの卵嚢

ガムシ（牙虫）の牙

巻貝を捕食するガムシの幼虫

キュウリを食べるガムシ成虫

36 コガシラミズムシ類と微小ガムシ類

日本産のガムシ類は、ダルマガムシ科、ホソガムシ科、セスジガムシ科、ガムシ科の4科を合わせると110種以上が確認されていますが、その多くは5㎜以下の微小な種です。マルガムシのように川に生息する種も少なくありませんが、多くはため池や湿地に生息しています。キベリヒラタガムシやキイロヒラタガムシ、ゴマフガムシは微小ガムシ類の中では大きい方なので（5・5〜6・5㎜）、田んぼの生きもの調査などで子どもたちが見つけています。熱帯魚用の目の細かい網ですくっても、植物片などに混じっていると、3㎜以下の微小種はなかなか見つかりません。バットに1㎝ほど水を張って網の中のものをそこへあけると、微小種でも動き出せばすぐに見つけられます。スポイトで吸い込みペットボトルのふたに入れれば、ルーペを使ってゆっくり観察できます。

コガシラミズムシ科の昆虫は、すべてが3・5㎜ほどの微小種で、国内では10種ほどが確認されています。水草の茂った浅い沼によくいますが、簡単に網に入るのはほとんどが普通のコガシラミズムシで、他の種は数が少ないのか見つけるのは容易ではありません。キイロコガシラミズムシとマダラコガシラミズムシは、環境省版レッドリストで絶滅危惧《きぐ》Ⅱ類に選定されています。コガシラミズムシ類の成虫は雑食性ですが、幼虫は植物食でアオミドロやシャジクモなどを食べます。卵もアオミドロなどに産みつけられます。毛虫のように長い毛が生えた幼虫は、アオミドロやシャジクモごと網ですくい、バットの中で洗うようにすると見つかります。

キベリヒラタガムシ

ミユキシジミガムシ

キイロヒラタガムシ

トゲバゴマフガムシ

ゴマフガムシ類幼虫

マメガムシ

タマガムシ

コガシラミズムシ

キイロコガシラミズムシ

ヒメコガシラ
ミズムシ

マダラコガシラミズムシ

37 水面を泳ぐミズスマシ類

陽当たりのあまりよくない小さな池に、ミズスマシは100匹を超える大きな群れで、水面に浮いて暮らしています。たくさんの個体が同時にクルクルとまわるように水面を動いても、ミズスマシどうしがぶつかることはありません。ミズスマシ類は、触角にある振動や波動を感じる器官によって、周囲の他個体の動きがわかるのでぶつからないのです。エサの昆虫などが水面に落ちてもがいた時も、この器官で感じとり全速力で駆けつけます。

ミズスマシ類の平たくなった中足と後足は短く、これらをスクリューのように動かして泳ぎます。前足は長く、これはエサを捕獲する時に使います。また、ミズスマシ類の複眼は、水面を境に上下に分かれていて、水面上と水面下を同時に見ることができます。上からの敵や下からの敵から身を守るためです。

ミズスマシより少し大きいオオミズスマシは、陽当たりがよく水草の茂る開けた池に生息します。ミズスマシのような大きな群れはつくらず、数匹で水面を動き回っています。5月中旬になると、水草の茎や葉の裏に卵を産みつけます。幼虫は体側に長い毛が多数生えた細長いイモムシ状で、ユスリカ幼虫などを食べて育ちます。終齢幼虫は上陸し、土の上などに土まゆをつくって、その中で蛹になります。国内で一番大きなミズスマシ類は、沖縄にすむオキナワオオミズスマシで、体長が20㎜を超えます。渓流のよどみや、滝つぼの脇などで見ることができます。このほか本州や九州の渓流では、オナガミズスマシの仲間を見ることができます。

オキナワオオミズスマシ

オオミズスマシの上下に分かれた複眼

1列に並んだオオミズスマシ

水面に落ちたトンボを捕食する
オオミズスマシ

オオミズスマシの背側と腹側

オオミズスマシの卵（左）、幼虫（中）、土まゆのなかのサナギ（右）

第4章
水生昆虫とのつき合い方

38 絶滅が心配される水生昆虫

2012年に発表された環境省第4次レッドリスト（昆虫類）の水生カメムシ類を見ると、前回の第3次レッドリスト（2007年）と比べて、コバンムシのランクが絶滅危惧ＩＢ類に格上げされたこと、ミヤケミズムシが新たに準絶滅危惧に加えられたことを除けば、大きな変化はありませんでした。タガメとトゲナベブタムシは絶滅危惧Ⅱ類、コオイムシや大型ミズムシ類も準絶滅危惧のままでした。

ところが水生甲虫類に関しては大きな変化がありました。レッドリストに掲載されたハナノミ類、ホタル類、ゾウムシ類を除く水生甲虫類の総数が、第3次版では42種だったのが第4次版では102種と倍以上に増えました（左ページの表）。多くの種が新たに掲載された結果ですが、ランクが格上げされた種も多く、スジゲンゴロウはついに絶滅種に、ゲンゴロウも絶滅危惧Ⅱ類に格上げされました。2000年以降、シマゲンゴロウが近隣から消え、ヒメゲンゴロウやコシマゲンゴロウまで減っていると感じていたのですが、全国各地の多くの種で同様なことが起こっていたわけです。

新しくリスト入りしたミヤケミズムシ

絶滅危惧ＩＢのオオイチモンジシマゲンゴロウ

第四次 レッドリスト（環境省） 水生甲虫類				
絶滅（Ex）	↑	スジゲンゴロウ		
絶滅危惧 ⅠA（CR）	○	コセスジゲンゴロウ	○	リュウキュウヒメミズスマシ
		マルコガタノゲンゴロウ		
		フチトリゲンゴロウ		
		シャープゲンゴロウモドキ		
		マダラシマゲンゴロウ		
	○	マダラゲンゴロウ		
絶滅危惧 ⅠB（EN）	↑	キボシチビコツブゲンゴロウ	○	カミヤコガシラミズムシ
		ギフムカシゲンゴロウ	○	コミズスマシ
		カガミムカシゲンゴロウ	○	ヒメミズスマシ
		トサムカシゲンゴロウ	○	ホソガムシ
		オオメクラゲンゴロウ	↑	セスジガムシ
		トサメクラゲンゴロウ	○	シジミガムシ
	○	キタノツブゲンゴロウ	◇	ハガマルヒメドロムシ
		ヤシャゲンゴロウ		
		オオイチモンジシマゲンゴロウ		
絶滅危惧 Ⅱ類（Vu）	○	ムツボシツヤコツブゲンゴロウ	○	クロホシコガシラミズムシ
	○	ムモンチビコツブゲンゴロウ	↑	キイロコガシラミズムシ
	○	ヒメケシゲンゴロウ	↑	マダラコガシラミズムシ
	○	コシマチビゲンゴロウ	○	ミズスマシ
	○	ルイスツブゲンゴロウ	↑	ツマキレオナガミズスマシ
	○	ナカジマツブゲンゴロウ	○	コオナガミズスマシ
	↑	トダセスジゲンゴロウ	↑	チュウブホソガムシ
	↑	ゲンゴロウ	◇	セスジマルドロムシ
		ヒメフチトリゲンゴロウ	○	コガタガムシ
		エゾゲンゴロウモドキ		
	↓	コガタノゲンゴロウ		
	↑	マルガタゲンゴロウ		
	○	オキナワスジゲンゴロウ		
準絶滅危惧 （NT）		フタキボシケシゲンゴロウ	○	コウトウコガシラミズムシ
	○	コマルケシゲンゴロウ	○	ツマキレオオミズスマシ
	○	オオマルケシゲンゴロウ	○	タイワンオオミズスマシ
	○	チビマルケシゲンゴロウ	○	オオミズスマシ
	○	アマミマルケシゲンゴロウ	○	エゾコオナガミズスマシ
	○	マルケシゲンゴロウ	○	イヘヤダルマガムシ
	○	ヤギマルケシゲンゴロウ	○	ヨナグニダルマガムシ
	○	ケシゲンゴロウ		アマミセスジダルマガムシ
	○	アラメケシゲンゴロウ	○	ヤマトホソガムシ
	○	マルチビゲンゴロウ		クロシオガムシ
		キボシツブゲンゴロウ	○	ミユキシジミガムシ
	○	コウベツブゲンゴロウ	○	マルヒラタガムシ
	○	シャープツブゲンゴロウ	○	スジヒラタガムシ
		オクエゾクロマメゲンゴロウ		エゾコガムシ
	○	キベリクロヒメゲンゴロウ	○	ガムシ
	○	キベリマメゲンゴロウ	↓	エゾガムシ
	○	クロゲンゴロウ	◇	ヒゲナガヒラタドロムシ
	○	カラフトマルガタゲンゴロウ		
	○	リュウキュウオオイチモンジシマゲンゴロウ		
	○	シマゲンゴロウ		
情報不足 （DD）	○	ホソコツブゲンゴロウ	○	クビボソコガシラミズムシ
	○	ハイバラムカシゲンゴロウ	○	ニッポンミズスマシ
		ムカシゲンゴロウ	○	テラニシオナガミズスマシ
	○	メクラケシゲンゴロウ	○	シオダマリセスジダルマガムシ
	○	アンピンチビゲンゴロウ		ニッポンセスジダルマガムシ
	○	キオビチビゲンゴロウ	○	キタホソガムシ
	○	ニセコケシゲンゴロウ	○	オキナワマルチビガムシ
	○	ホソマルチビゲンゴロウ	○	コガムシ
		メクラゲンゴロウ		
	○	キボシケシゲンゴロウ		
	○	チビセスジゲンゴロウ		

↓：前回リストと比べてランクの下がった種、↑：前回と比べてランクの上がった種
◇：情報不足（DD）から変更された種、○：新規に掲載された種

（市川 2014 を改変）

39

田んぼから虫が消えた

田んぼの生きもの全種リスト（桐谷圭治編）には、これまでに水田や畦、ため池などで確認された1726種の昆虫が掲載されていますが、最近の水田で1726種の1割以上の昆虫が見つかる所は非常に少なくなっています。水田で見つかる昆虫の種数が激減しているのです。

昆虫の急激な減少は、1950年頃から始まりました。1952年に農薬のパラチオンが登場すると、水田から生きものの姿がほとんど消えました。だから水田に農薬をまくことを「田の消毒」と呼んでいました。この薬は毒性が強く、使用者の事故が多発したため登録が取り消されました。その後は人体に安全な農薬が中心に使われましたが、タガメの幼虫などにとっては安全とは言えませんでした。2000年頃からはネオニコチノイド系などの新たな農薬が使われるようになりましたが、アキアカネが水田から激減するなどの大きな影響が出ています。2000年頃から小型の水生甲虫類が急減していることとも関連しているかもしれません。

田植機の登場により水苗代が消え、田への入水が遅くなったことは、瀬戸内海沿岸の虫たちには大きな影響を与えましたが、全国的に影響を与えたのは乾田化と中干しです。田植えから30～35日で田から水がなくなるのでは、トノサマガエルのオタマジャクシはカエルになれません。ゲンゴロウやタガメもいなくなりました。乾田化工事とともに、水田横にあった素掘りの溝もコンクリートに代わり、水生昆虫がすみにくくなりました。また、減反や農民の高齢化により、谷津田《やつだ》（谷にある田）が次々に放棄されたことも、虫たちには大きな痛手となりました。

水苗代

溝、水路のコンクリート化

乾田化後の中干し

農薬で死んだタガメ

1990年頃タガメが多数いた棚田

20年後すべての田が放棄された

40 池からも虫が消えた

虫がいなくなったのは水田だけではありません。池からも虫の姿が消えたのです。護岸工事や水質悪化により水草帯が消えたことも池の水生昆虫減少の一因ですが、より大きな原因はオオクチバス、ウシガエル、アメリカザリガニなどの外来種です。

駆除事業で捕らえたオオクチバスの胃内容物を秋田県の杉山さんたちが調べたところ、胃の中にゲンゴロウ、ガムシ、コガムシ、コオイムシ、ヤゴなどが入っていました。新潟県の古澤さんたちのため池での調査では、胃の中から多くのトンボ成虫やヤゴ、ミズスマシ、アメンボ、コオイムシ、小型のゲンゴロウ類が出てきました。オオクチバスがジャンプして水面上のトンボ成虫を捕食する様子も何回も観察されています。2012年6月に安来市の小さなため池で数百匹のミズスマシの群れを久しぶりに見つけました。撮影のために約1年後に同じ池を訪ねたところ、そこにはミズスマシの姿はまったくなく、代わりに水面近くを泳いでいたのはオオクチバスの群れでした。ミズスマシやアメンボのように水面を動き回る昆虫は、オオクチバスにとっては絶好の獲物なのかもしれません。

ゲンゴロウやガムシ類の幼虫、トンボ類の幼虫のように水底で生活する昆虫にとっては、アメリカザリガニは恐ろしい天敵です。アメリカザリガニが放流され数が増えてくると、虫たちは急減します。池干しをしてアメリカザリガニを駆除したら、トンボの種類や数が増えた例もあります。ウシガエルがタガメを丸呑《まるの》みすることも、水槽内の実験で確かめました。

オオクチバス

バスの放流後、ミズスマシの姿が消えた

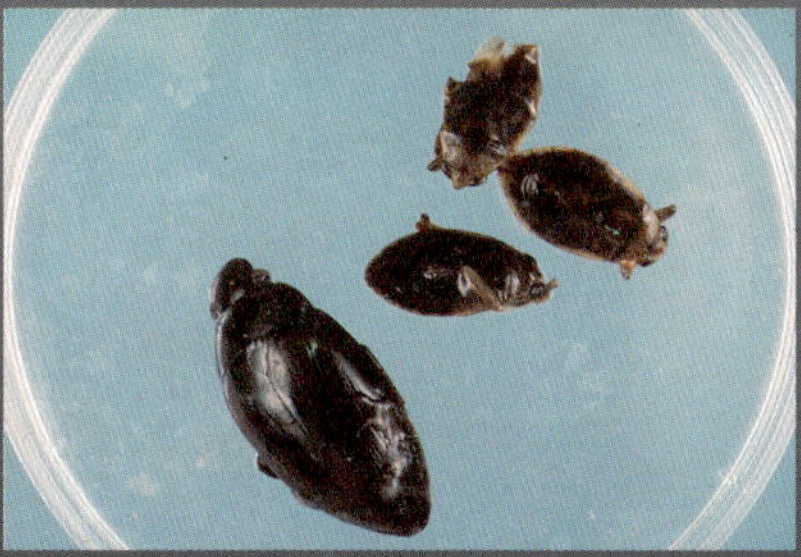
オオクチバスの胃から出てきたガムシとオオコオイムシ（撮影：杉山）

オオクチバスの胃から出てきたゲンゴロウ（撮影：杉山）

タイコウチを捕食するアメリカザリガニ

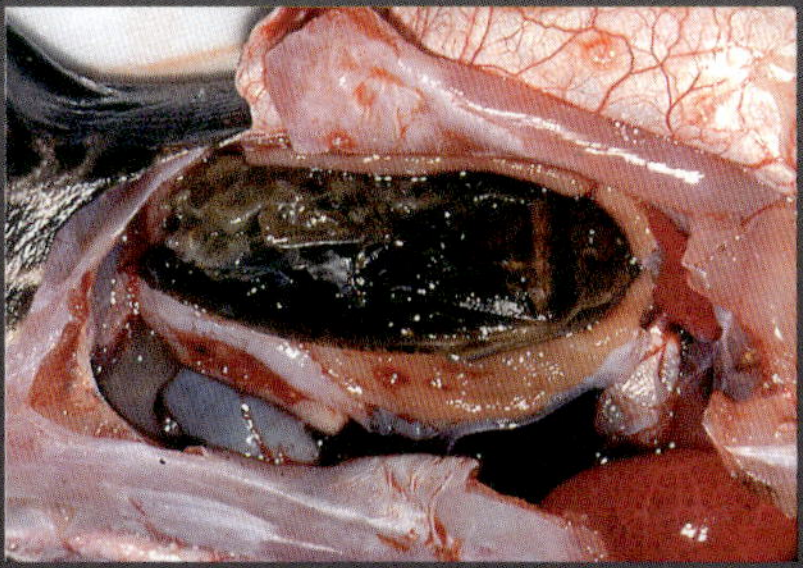
ウシガエルの胃内にすっぽりとおさまったタガメ成虫

41 復活したコガタノゲンゴロウ

コガタノゲンゴロウは、亜種が熱帯、亜熱帯に広く分布する南方系の昆虫です。琉球《りゅうきゅう》列島や九州南部などではそれほど希少な虫ではなく、昔は東北南部まで分布していました。しかし、本州では前世紀後半に激減し、２０００年頃には鳥取県西部など一部の地域でしか見ることができなくなっていました。２００６年に発行された環境省版のレッドデータブック昆虫類では、コガタノゲンゴロウは、絶滅危惧Ⅰ類として掲載されています。その時のレッドデータブックには、本種が『琉球列島を除いては、ほとんどの地域で絶滅状態にある』と書かれています。兵庫県版のレッドデータブックでは、本種は絶滅種とされていました。

ところが２０１０年頃から本種は各地で増え始めたのです。２０１０年に兵庫県と島根県で、２０１２年には山口県でも発見されました。環境省では２０１２年版のレッドリストで、本種を絶滅危惧Ⅱ類にランクダウンしました。兵庫県では絶滅種から絶滅危惧Ⅰ類（Aランク）に、島根県では絶滅危惧Ⅰ類からⅡ類にランクダウンしました。高知県南部や九州でも増えています。

長崎県の長崎バイオパークでは、２０１６年11月に園内の貯水池の一部で増えすぎたヒシを除去したところ、１８１匹のコガタノゲンゴロウが網に入ったそうです。また、ブラジルバク舎内のコンクリート製の小さな池でも本種が見つかりました。本種の繁殖には日長の変化があまり関係なく、一定以上の温度があれば冬でも室内で繁殖します。温暖化が本種の増加に関係しているかもしれません。

コガタノゲンゴロウ（鳥取産）

採集禁止になる前に、個体別にマーキングして調査していた鳥取産個体

コガタノゲンゴロウのサナギ（左）と羽化直後の成虫（右）（繁殖させやすい）

長崎バイオパークの貯水池（撮影：伊藤）

コガタノゲンゴロウのすむ西表島の休耕田

コガタノゲンゴロウが見つかったブラジルバクの水浴び池（撮影：伊藤）

42 法令による採集禁止と保全活動

筆者は今、友人たちとともに兵庫県内でゲンゴロウの保全活動を行っています。そこは、タガメとゲンゴロウがともに繁殖している兵庫県内で最後の湿地です。地元の方にたずねると、他府県ナンバーの車がやってきて、採集していくこともたびたびあったそうです。この場所を保全するに当たって、湿地の周囲を高さ2mの金網で囲いました。絶滅危惧種の昆虫をさらに追い詰めているのは、人間による乱獲だからです。シャープゲンゴロウモドキなど6種が、種の保存法や天然記念物法により採集が禁止されています（左ページ表）。さらにゲンゴロウやコガタノゲンゴロウなどは、自治体の条例により、その地域内での採集が禁止されています。

しかし、採集を禁止しただけでは生きものを絶滅から防ぐことはできません。先ほど述べたゲンゴロウ保全湿地では、一部の池にアメリカザリガニが侵入したため、2015年春から駆除活動を続けていますが、いまだに根絶できません。タガメやゲンゴロウがすんでいた水田が耕作されなくなると、虫たちはすめなくなってしまいます。圃場《ほじょう》整備のむずかしい谷間の水田が次々に放棄されている現状は、水生昆虫にとっては大きな問題となっています。

千葉シャープゲンゴロウモドキ保全研究会の西原さんたちは、シャープゲンゴロウモドキが生息する休耕田が整備・乾田化されることになったため、近くの別の休耕田に水を入れ、シャープゲンゴロウモドキが生息できる湿田環境を作りました。また、地元の小学生の観察会を行うとともに、アメリカザリガニの駆除なども行い、保全活動を続けています。

法令で採集が禁止されているタガメやゲンゴロウのなかまたち

種名	科名	指定年	国指定		地域指定
			種の保存法	天然記念物	
マダラシマゲンゴロウ	ゲンゴロウ	2016年	○		
シャープゲンゴロウモドキ	ゲンゴロウ	2011年	○		
フチトリゲンゴロウ	ゲンゴロウ	2011年	○		
マルコガタノゲンゴロウ	ゲンゴロウ	2011年	○		
ヤシャゲンゴロウ	ゲンゴロウ	1996年	○		
オガサワラセスジゲンゴロウ	ゲンゴロウ	1970年		○	
ゲンゴロウ	ゲンゴロウ	2015年			長崎県
ゲンゴロウ	ゲンゴロウ	2014年			群馬県
ヒメフチトリゲンゴロウ	ゲンゴロウ	2013、14年			鹿児島県徳之島、奄美大島
ヒメフチトリゲンゴロウ	ゲンゴロウ	2015年			沖縄県石垣市
コガタノゲンゴロウ	ゲンゴロウ	2002年			鳥取県
コガタノゲンゴロウ	ゲンゴロウ	2009年			愛媛県
ヒメタイコウチ	タイコウチ	2010年			奈良県
ヒメタイコウチ	タイコウチ	2012年			愛知県春日井市
ヒメタイコウチ	タイコウチ	1968年			愛知県天然記念物（西尾市）
ヒメタイコウチ	タイコウチ	1985年			三重県桑名市（天然記念物）
タガメ	コオイムシ	2015年			沖縄県石垣市

※　国と地域で指定が重複している種については、国の指定で代表させた

マルコガタノゲンゴロウ

採集禁止の看板（能登）（撮影：西原）

シャープゲンゴロウモドキのための湿地造成作業（千葉）（撮影：西原）

ゲンゴロウが生息する湿地を金網の柵で囲った（兵庫）

43 ビオトープによるタガメの保全活動

筆者が研究を始めた1980年代、タガメはすでに全国的に採集しにくい昆虫となっていましたが、最近の生息状況はさらに悪くなり、10年以上タガメが見つかっていない府県が多数あります。筆者が住む姫路市でも、1970年代はまだ生息していたようですが、1990年代後半になると、たまに飛来してきた成虫が見つかる程度で、定着は確認できなくなっていました。姫路市内になんとかタガメを復活させたい、それが姫路市北部にタガメビオトープを作った目的でした。タガメの暮らす豊かな水辺を再生し、そこを環境教育の場として使うことを目指しました。

1999年1月、借用した放棄水田を耕し隣接する谷川から水を引きました。タガメのエサとなる生きものがほとんどいなかったので、近くで集めたドジョウやメダカ、ニホンアカガエルの卵塊などをビオトープに放しました。4月と5月に兵庫県西部で採集したタガメとその繁殖個体をここに放しました。トノサマガエルやシュレーゲルアオガエル、モリアオガエルなどが訪れて産卵したため、ビオトープはにぎやかになり、タガメも無事に繁殖しました。繁殖したタガメは晩秋までに姿を消しましたが、翌春一部が戻ってきて再び繁殖しました。それが毎年繰り返され、現在まで続いています。最近は毎年100匹以上の新成虫に背番号をつけています。夏に一般の方とともに観察会を行っていますが、一般の方が、ここほど多数のタガメに出会える水辺は、日本中探しても他にはありません。2004年からビオトープのある谷全体が姫路市の施設となりましたが、ビオトープの草抜きなどの管理は私たちが続けています。

タガメのすむ田んぼができた（2000 年）

姫路市の施設となったタガメビオトープ(2005年)

卵塊を保護する雄親（左）毎年 100 匹以上の新成虫に背番号をつけている（右）

これまでに合計 500 匹以上の
ゲンゴロウにマーキング

兵庫県西部に造った上記とは別のゲンゴロウビオトープ（2013 年）

44 タガメやゲンゴロウを食べる

半世紀ほど前のことです。福島県の奥只見《おくただみ》へ向かう汽車の中で、向かいに座った初老のご婦人たちが、農薬の影響でイナゴがいなくなったので、山の方に採りに行くのだと楽しそうに話してくれました。１９７０年代初めにパラチオンなどの強い農薬は販売禁止になり、イナゴは全国的に復活しました。長野県の居酒屋ではイナゴや蜂の子は定番のつまみで、土産物店やスーパーには今でも佃煮《つくだに》が売られています。水田を使ったコイの養殖が盛んな長野県の佐久地方では、少なくとも１９８０年頃まで、稲刈り前に落水しコイを取り上げる時に、一緒に獲れたゲンゴロウも食べていたそうです。30年以上前の話ですが、私も試してみました。羽をもぎとり、塩ゆでにした後に、から煎《い》りすると、干しエビのような味がしてなかなか美味でした。

１９９０年代の半ばにタイ国へタイワンタガメの調査に行った時のことです。田植え前の水田で大勢の村人が竹で作った網を手に動き回っていました。網の中には小魚とともに、ゲンゴロウの幼虫が入っていました。夜間に車を走らせると、所々の民家の庭先に長い竹竿《たけざお》が立てられ、その先にブラックライトが光っていました。近くに行ってみると、竿の下の水の入ったたらいの中に、セミやゲンゴロウ、ガムシなどが多数落ちていました。水田で採った昆虫も、ブラックライトで採った昆虫も、村人たちの食用になるそうです。多数のライトをつけ、網を張ってタイワンタガメが飛んでくるのを待ち構えている人もいました。これは販売用で、市場にはタイワンタガメもゲンゴロウもガムシも食用としてたくさん売られていました。

信州や東北で今でも珍味として食されているイナゴや蜂の子

食用の昆虫を集める簡易装置。
タイ北部の民家の庭

タイ北部の市場で調理され売られていた昆虫類

市場で売られていたタイワンタガメ

タイ北部の市場で調理され売られていた甲虫類

第5章 タガメやゲンゴロウの飼育法

45 タガメの里親になる

姫路市立伊勢自然の里環境学習センターでは、毎年、姫路市民向けに「タガメの里親になろう!」というイベントを開いています。夏休み前に10匹ほどの1齢幼虫を貸し出し、それを成虫になるまで育ててもらうイベントです。貸し出せる幼虫の数に限りがあるので、参加できる家族は毎年10組ほどですが、10年以上続けています。夏休みの終わり頃に成虫になったタガメをセンターまで持ってきてもらうとともに、飼育体験を発表してもらいます。

幼虫を貸し出す時に、講師として私は、タガメの飼育方法について解説をしているのですが、飼育はそれほど容易ではなく、全滅させてしまう家族が毎年何組か出ます。解説のなかでオタマジャクシを食べている幼虫の写真を使ったからでしょうか。近くの水田で採ってきたオタマをエサとして与えた家族が多かったのですが、「オタマを与えたらバタバタ死んだ」という報告がいくつもありました。最近の農薬は虫は殺しますが、カエルは殺しません。したがって、オタマの体内には農薬が濃縮されていたのです。それ以来、無農薬でお米を作っている水田のオタマ以外はエサにやらないように指導しています。もちろん、無農薬水田のオタマで幼虫を飼育した参加者は、3、4匹の成虫を持って報告会にやってきました。小川で採った小魚をエサとして与えた家族もいました。タガメのエサを探す過程で、自分たちの身近な環境が、タガメにとっては非常に暮らしにくい環境になっていることを理解したと思います。

貸し出す１齢幼虫

里親への貸し出し

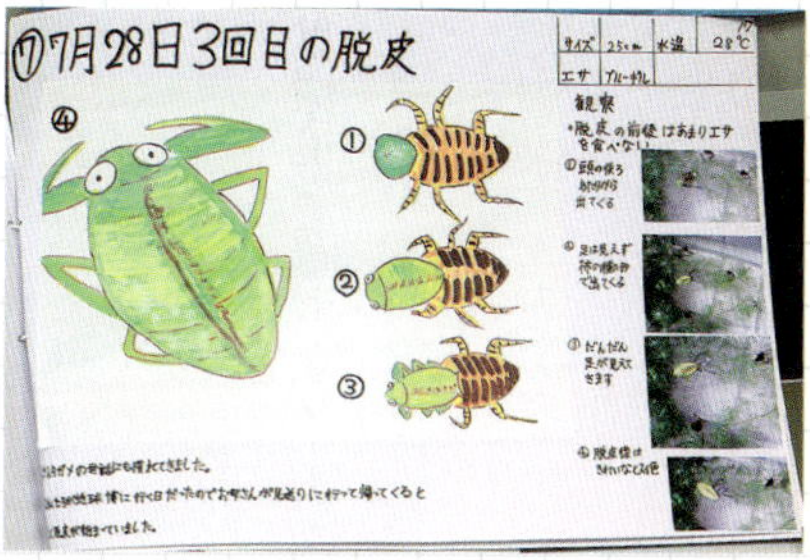

里親報告会

里親報告会２

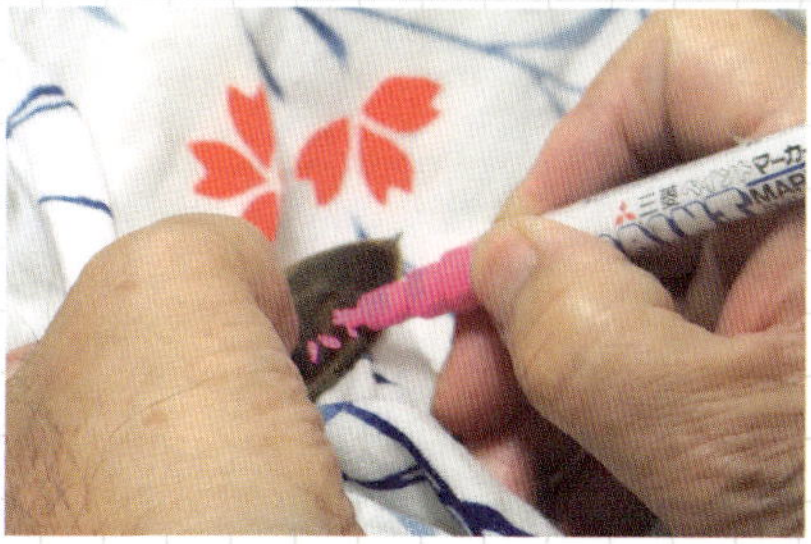

タガメに名前を書く

村上君の育てたタガメが翌年、卵塊を保護していた

タガメの放流

46 タガメを飼育する

成虫の飼育

タガメは共食いをする昆虫です。60～90㎝の水槽なら2匹までにしておいた方が無難です。水深は15㎝ほどにして、長さ30～40㎝の棒を（剣山などを使って）数本立てておきます。ふたをしておかないと飛んで逃げます。金魚すくい用のワキンやドジョウなどをエサとして泳がせておきます。水質が悪くなると死にますから、簡単な投げ込み式のろ過槽や、底に砂を敷いて底面ろ過槽を取り付ける必要があります。水はカルキ抜きを使って塩素分を除去したものを使い、半月に1回は水換えします。12月になったら、湿ったミズゴケを敷いた密閉容器にタガメを入れ、容器ごと冷蔵庫の野菜室に入れておきます。半月に1回ぐらいふたを開けミズゴケが乾いてきていたら水を加えます。4月半ばまで冷蔵庫で過ごさせます。

繁殖のさせ方

5月末になったら雌雄を隔離板などで分離します。太陽光の入らない部屋に水槽が置かれている時は、1日の照明時間を14時間以上にします。エサを多めに食べさせてメスの腹が卵で大きくふくれてきたら隔離板を除きます。2晩何も起こらなかったら雌雄を再び隔離します。エサを多めに食べさせてもう一度雌雄を一緒にします。これを繰り返します。繁殖しない雌雄をいつまでも一緒にしておくと、オスがメスに共食いされます。

幼虫の育て方

1個の卵塊から50匹以上の幼虫が生まれます。これらをすべて隔離して飼育するのは水換えがたいへんです。1齢と2齢は3、4個の容器に分けて集団で飼育します。水深は2㎝ほどにして、クロモなどの幼虫がつかまるための水草を入れておきます。無農薬水田の小さめのオタマが手に入ればよいのですが、むずかしければ、ヌマエビなどの小さな川エビやヒメダカもよく食べます。3齢からは1匹ずつカップなどに入れて飼育します。エサは大きめのオタマや小魚で、ペットショップで売られているエサ用のキンギョも使えます。水は毎日1回（できれば2回）換えます。5齢幼虫の体色の赤みが強くなり、エサを食べなくなるとまもなく羽化します。産卵から羽化まで35～40日かかります。

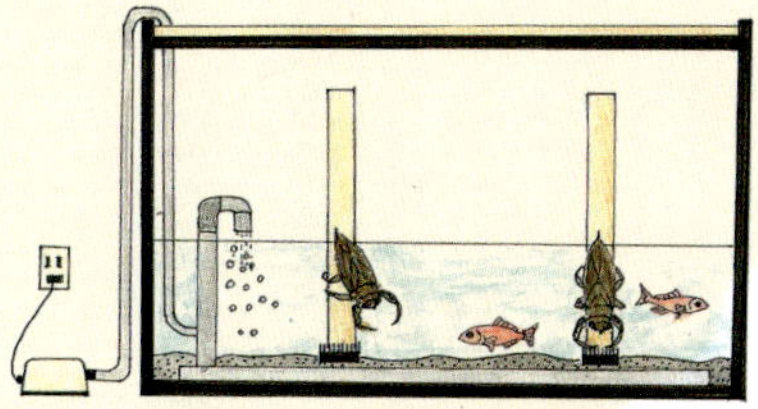

成虫の飼育、繁殖させない時は仕切り板を入れて雌雄を分ける

1、2齢幼虫はまとめて飼育
3齢以降は1匹ずつ分けて飼育

冬越しは冷蔵庫の野菜室で。シール容器に湿ったミズゴケを入れ、タガメをのせてフタをする

47 ゲンゴロウを飼育する

成虫の飼育

ゲンゴロウの成虫はあまり共食いしません。したがって、60～90㎝の水槽で5匹以上の成虫を飼うことができます。しかし、シマゲンゴロウやヒメゲンゴロウなどの小型、中型種は捕食されるので、同じ水槽で一緒に飼うことはできません。水深は25㎝ほどにして水面から突き出た棒や水草を「甲羅干し」用に入れておきます。ときどき体を乾かせてやらないと、足のつけねなどの体表にカビがはえてきます。簡易な底面ろ過槽をセットし、水をきれいに保ちます。エビ肉などでも飼育できますが、ときどきバッタやコオロギなどの昆虫を与えましょう。水中で越冬しますが、冬はエサをやる必要がないので水換えも不要です。飼育容器などに入れて暖房の入らない部屋の隅に置いておくとよいでしょう。

繁殖のさせ方

太陽光の入らない部屋では、4月になったら照明時間を14時間以上にしましょう。水温が上昇してくると、オスは頻繁に交尾しようとします。野外ではメスは逃げ切れるのですが、水槽内ではオスにつかまってしまいます。メスは何回も交尾されると弱ってきて死亡することがあります。1、2回交尾を確認したら、オスは別の水槽に移した方がよいでしょう。5月になったら、セリやコウホネなどの水草を入れます。クワイの塊茎を加温した水槽で促成栽培しても使えます。初めは水草をかじり散らすだけですが、やがて5㎜ほどの丸い穴を開け、卵を産みつけます。

幼虫の育て方、上陸のさせ方

幼虫は共食いが激しいので、カップなどに1匹ずつ分けて飼育します。水深は1齢幼虫で2㎝、3齢幼虫で5㎝ほどにし、毎日換水します。魚の切り身などでも育ちますが、コオロギなどの昆虫を与えた方が羽化率が格段によくなります。3齢幼虫の体長が8㎝ぐらいになり、丸々と太ってきたらいよいよ上陸です。プラスチック容器内にピートモスを使って陸を作り、幼虫を水場に入れてやります。蛹室の大きさは4㎝なので、ピートモスの深さは最低でも5㎝は必要です。ピートモスは一度水につけたものをギュッとしぼって使います。

エサには煮干しや冷凍アカムシなどを与える。5月中旬になったら、オモダカ類などの植物を産卵用に植えておく。冬は暖房の効いていない部屋に水槽を置き、水中で冬越しさせる

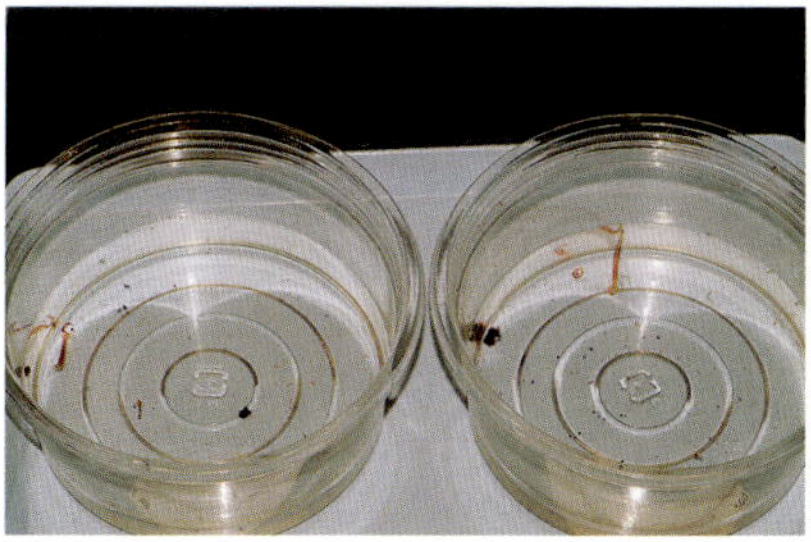

幼虫は共食いが激しいので、1匹ずつ分けて飼育する

3齢幼虫が丸々と太り、餌食いが悪くなったら、上陸用水槽に移す。矢印の位置に潜っている

48 ミズカマキリ、タイコウチを飼育する

成虫の飼育

ミズカマキリどうし、タイコウチどうしはあまり共食いしないので、60㎝水槽で5匹ぐらいは飼育できます。しかし、ミズカマキリとタイコウチを一緒に飼うと、ミズカマキリはタイコウチに捕食されてしまいます。水深はタイコウチでは10㎝ほど、ミズカマキリでは20〜25㎝ほどにします。呼吸時に水面へ行くための足場として、棒やクロモなどの水草を入れておきます。エサとして生きたヌマエビなどの川エビ、ヒメダカなどを多めに入れておくとよいでしょう。

ミズカマキリはよく飛ぶ昆虫なので、必ずふたをしてください。

ミズカマキリは寒さに強く、氷の下にいる個体も網ですくうとすぐに動き出します。水槽内でそのまま冬を過ごさせます。タイコウチはタガメと同じように、容器に入れて冷蔵庫の野菜室で冬を過ごさせます。

繁殖のさせ方

水槽内に、花かごなどに使われている吸水性スポンジを入れておくとそこに産卵します。1回にすべての卵を産むのではなく、1、2週間おきに10個ほどの卵を産みつけます。スポンジは水面から5㎝以上出るようにセットしてください。卵を見つけたら、別の飼育容器などにスポンジごと移し、時々水をかけてスポンジが乾燥しないようにしてください。

幼虫の育て方

水深1㎝以下になるように容器に水を入れ、孵化した幼虫を収容します。エサとして、ミジンコやアカムシ（ユスリカ幼虫）の小さいものを与えます。4齢になれば小さな川エビも食べられるようになります。

タイコウチとミズカマキリを一緒に飼う時は仕切り板で分けて飼う。別々の時は、タイコウチは浅い水位で、ミズカマキリは深い水位で飼う。

タイコウチ、ミズカマキリとも、ヌマエビ類やヒメダカなどで飼育できる

湿った生け花用のスポンジを、水面から出るように置いておくと産卵する。右はタイコウイチのふ化

国内の水生昆虫展示施設

	園館名	タガメ	ゲンゴロウ	その他
北海道	サケのふるさと千歳水族館	○	○	ガムシなど
福島	アクアマリンいなわしろカワセミ水族館	○	○	微小水生昆虫多数
新潟	長岡市寺泊水族博物館		○	
新潟	胎内市・胎内昆虫の家	○	○	ミズカマキリなど
栃木	栃木県なかがわ水遊園	○		
群馬	ぐんま昆虫の森	○	○	
埼玉	さいたま水族館	○	○	コオイムシ、ミズカマキリなど
千葉	鴨川シーワールド	○	○	シャープゲンゴロウモドキ、ガムシなど
東京	多摩動物公園	○	○	コオイムシ、ヒメフチトリゲンゴロウなど
東京	井の頭自然文化園	○	○	タイコウチ、マツモムシ、ガムシなど
東京	足立区生物園	○	○	タイコウチ、コオイムシ、オオミズスマシなど
東京	としまえんのもり昆虫館	○	○	
神奈川	㈱京急油壺マリンパーク	○	○	コオイムシ、ミズカマキリなど
神奈川	横浜・八景島シーパラダイス	○	○	
石川	石川県ふれあい昆虫館	○	○	シャープゲンゴロウモドキ、ヤシャゲンゴロウなど
福井	越前松島水族館		○	ヤシャゲンゴロウ、シャープゲンゴロウモドキ
岐阜	世界淡水魚園水族館 アクア・トトぎふ	○	○	タイコウチ、ミズカマキリなど
愛知	東山動植物園	○	○	ミズカマキリ、コオイムシ、マツモムシなど
三重	鳥羽水族館	○	○	ミズカマキリ、オキナワオオミズスマシなど
京都	京都水族館	○	○	
大阪	箕面公園昆虫館	○		
兵庫	伊丹市昆虫館	○	○	オキナワオオミズスマシなど
兵庫	神戸市立須磨海浜水族園	○	○	コオイムシ、ミズカマキリなど
兵庫	姫路市立水族館	○	○	コガタノゲンゴロウ、マツモムシなど
兵庫	佐用町昆虫館	○	○	
奈良	橿原市昆虫館	○	○	オキナワオオミズスマシなど
広島	広島市森林公園こんちゅう館	○	○	
島根	島根県立宍道湖自然館	○	○	タイコウチ、オオミズスマシなど
山口	豊田ホタルの里ミュージアム	○	○	マツモムシ、コオイムシなど
愛媛	虹の森公園おさかな館	○		
長崎	長崎バイオパーク	○	○	オキナワオオミズスマシなど
長崎	たびら昆虫自然園		○	
鹿児島	いおワールド かごしま水族館	○		

※記載情報は2018年１月のものです

姫路市立水族館水生昆虫コーナー

アクアマリンいなわしろカワセミ水族館水生昆虫コーナー

49

いまだに分からないこと

タガメの飼育を初めて間もない頃のことです。90㎝の水槽に4、5匹のタガメを飼育していました。ある朝水槽をのぞくと、メスのタガメの背中に多数の卵が産みつけられていました（写真下）。水槽内にはタガメの数以上の棒が立ててありました。産卵場所がたりないことはありません。このメスが棒にのぼって「甲羅干し」をしている時に他のメスが産みつけたとしか考えられませんが、それならば、このメスの背中で他の雌雄が何回も交尾をしたはずです。なぜ逃げなかったのでしょう。まったく理解できませんでした。もちろん卵は孵化しませんでした。

数年後、友人から1枚の写真を頂きました。その写真にも多数の卵を背負っているタガメが写っていましたが、今度はオスでした。この卵も孵化しなかったそうです。ほかにも例があるのではないかとインターネットで調べてみると、昆虫写真家の森上信夫さんのブログに同じような写真（写真上）がありました。これもオスで、このオスは発見時すでに死んでいたそうです。何が起こったのでしょう。いまだにわからない不思議な事件です。

卵を背負っていたオス（撮影：森上）

卵を背負っていたメス

あとがき・謝辞

１９８０年頃、児童向けの図書にはすでにタガメの卵塊保護行動が、図とともに解説されていましたが、タガメは鳥のように卵を暖めているわけではなく、魚のように卵を外敵から守っているようにも見えません。タガメのオス親は卵に対してどんな保護をしているのでしょう。探しましたが保護の詳細が書かれた論文は国内にはありませんでした。外国産のタガメについても調べましたが、保護行動について詳しく書かれた論文は、どこにもありませんでした。それどころか、外国産については、オス親が卵塊を守るということすら、ごく簡単に述べられているだけでした。どこにも書かれていないなら自分で調べてみよう、これが私のタガメ研究の始まりでした。そして40年ほど、タガメやゲンゴロウなどの研究を続けることになりました。

大学の昆虫学研究室の多くは農学部にあります。それは昆虫を研究するための労力と費用は、おもに田畑の害虫被害を軽減し、害虫を駆除するための研究に使われたからです。多くの研究者が害虫の研究に従事しましたが、同じ田んぼの虫でも害虫を食べる益虫や、タガメのような害虫でも益虫でもないただの虫を研究する研究者は、１９９０年代まではごく少数でした。

１９９０年代の末頃から、里地里山の自然やその生物多様性への関心が高まり、田んぼ関連の研究者も増えました。２０１０年からは琵琶湖博物館で毎年12月に琵琶湖地域の水田生物研究会が開催され、田んぼの生きものについて新しい研究が紹介されています。田んぼのただの虫の研究を長年続けてきた者の一人として、私も都合がつけばこの研究会に参加しています。
琵琶湖博物館の篠原館長からこの本を執筆する機会をいただいたのは、私が琵琶湖地域の水田生物研究会の常連の一人だったからかもしれません。この幸運に感謝しています。同時に、この本を読んだ多くの若者たちが、タガメやゲンゴロウに興味を持ち、それらの保全に関心を持つようになってくれることを望みます。

本書を作成するに当たり、多くの方にご協力をいただきました。写真については私の手持ちのものだけでは不足するため、左記の方々にお願いし、快く借用させていただきました。飛行や飼育水槽のイラストについては、妻の市川涼子にお願いしました。コバンムシの成長のイラストは、息子の市川吾郎が20年以上前に書いたものを使いました。タガメビオトープやゲンゴロウビオトープなど、ビオトープに関する話題がいくつか出てきますが、これらのビオトープは「林田にタガメの里をつくる会」の会員のみなさんの協力によって無事に運営できているものです。上記の多くの方々に心から御礼申し上げます。最後に、素晴らしいレイアウトで読みやすい本に仕上げていただいたサンライズ出版の竹内様に深く御礼申し上げます。

写真協力者
Rogelio Macías-Ordóñez、Robert L. Smith、伊藤雅男、稲田和久、大嶋範行、杉山秀樹、西原昇吾、橋本道、松下陽子、森上信夫
（本文中に撮影者名の入っていない写真は全て著者が撮影したものです）

【参考文献等】

市川憲平（１９９９）タガメはなぜ卵をこわすのか?、偕成社、東京
市川憲平、北添伸夫（２００９）田んぼの生き物たちタガメ、農山漁村文化協会、東京
市川憲平、北添伸夫（２０１０）田んぼの生き物たちゲンゴロウ、農山漁村文化協会、東京
井上大輔、中島淳（２００９）福岡県の水生昆虫図鑑、福岡県立北九州高等学校魚部、福岡
今森光彦（１９８５）小学館の学習百科図鑑水生昆虫、小学館、東京
内山りゅう（２００５）田んぼの生き物図鑑、山と渓谷社、東京
内山りゅう編（２００７）今、絶滅の恐れがある水辺の生き物たち、山と渓谷社、東京
環境省自然環境局野生生物課希少種保全推進室編（２０１５）レッドデータブック２０１４ ５昆虫類、ぎょうせい、東京
北野忠監修（２０１７）ゲンゴロウ・ガムシ・ミズスマシハンドブック、文一総合出版、東京
北野忠監修（２０１７）タガメ・ミズムシ・アメンボ ハンドブック、文一総合出版、東京
桐谷圭治編（２０１０）田んぼの生きもの全種リスト、農と自然の研究所、福岡
杉山秀樹（２００５）オオクチバス駆除最前線、無明舎、秋田
杉山幸丸（１９８０）子殺しの行動学、北斗出版、東京
都築裕一他（２０００）水生昆虫完全飼育・繁殖マニュアル改訂版、データハウス、東京
西原昇吾（２００８）よみがえれゲンゴロウの里、童心社、東京
林成多（２０１５）山陰地方産水生昆虫図鑑Ⅰ甲虫類（１）、ホシザキグリーン財団研究報告特別号第15号、ホシザキグリーン財団、ホシザキ野生生物研究所、島根
林成多（２０１５）山陰地方産水生昆虫図鑑Ⅱ甲虫類（２）、ホシザキグリーン財団研究報告特別号第16号、ホシザキグリーン財団、ホシザキ野生生物研究所、島根

日浦勇（1979）大阪市長原遺跡から見つかったゲンゴロウモドキ、Nature Study, (25) 6
向井康夫（2014）絵解きで調べる田んぼの生きもの、文一総合出版、東京
森文俊他（2014）水生昆虫観察図鑑その魅力と楽しみ方、ピーシーズ、東京
森正人・北山昭（1993）図説日本のゲンゴロウ、文一総合出版、東京

【著者略歴】
市川憲平（いちかわ・のりたか）
姫路獨協大学非常勤講師、元姫路市立水族館館長
1950年生まれ。専門は止水性水生昆虫の保全生態学。タガメやゲンゴロウなどの水生昆虫の生態研究とともに、放棄田を活用してビオトープをつくり、タガメやゲンゴロウなどを保全する活動を続けている。主な著書として『タガメはなぜ卵をこわすのか』（偕成社）、『タガメビオトープの一年』（偕成社）、『きすみ野ビオトープものがたり』（農文協）、『田んぼの生きものたち・ゲンゴロウ』（農文協・共著）、『田んぼの生きものたち・メダカ・フナ・ドジョウ』（農文協・共著）などがある。

琵琶湖博物館ブックレット⑥

タガメとゲンゴロウの仲間たち

2018年3月27日　第1版第1刷発行

著　者　市川憲平
企　画　滋賀県立琵琶湖博物館
〒525-0001 滋賀県草津市下物町1091
TEL 077-568-4811　FAX 077-568-4850
発　行　サンライズ出版
〒522-0004 滋賀県彦根市鳥居本町655-1
TEL 0749-22-0627　FAX 0749-23-7720
印　刷　シナノパブリッシングプレス

ISBN978-4-88325-634-1 C0345
定価はカバーに表示してあります

琵琶湖博物館ブックレットの発刊にあたって

琵琶湖のほとりに「湖と人間」をテーマに研究する博物館が設立されてから2016年はちょうど20年という節目になります。琵琶湖博物館は、琵琶湖とその集水域である淀川流域の自然、歴史、暮らしについて理解を深め、地域の人びとともに湖と人間のあるべき共存関係の姿を追求してきました。そして琵琶湖博物館は設立の当初から住民参加を実践活動の理念としてさまざまな活動を行ってきました。この実践活動のなかに新たに「琵琶湖博物館ブックレット」発行を加えたいと思います。

20世紀後半から博物館の社会的地位と役割はそれ以前と大きく転換しました。それは新たな「知の拠点」としての博物館への転換であり、博物館は知の情報発信の重要な公共的な場であることが社会的に要請されるようになったからです。「知の拠点」としての博物館は、常に新たな研究が蓄積され、新たな発見があるわけですから、そうしたものを「琵琶湖博物館ブックレット」シリーズというかたちで社会に還元したいと考えます。琵琶湖博物館員はもとよりさまざまな形で琵琶湖博物館に関わっていただいた人びとに執筆をお願いして、市民が関心をもつであろうさまざまな分野やテーマを取りあげていきます。高度な内容のものを平明に、そしてより楽しく読めるブックレットを目指していきたいと思います。このシリーズが県民の愛読書のひとつになることを願います。

ブックレットの発行を契機として県民と琵琶湖博物館のよりよいさらに発展した交流が生まれることを期待したいと思います。

二〇一六年　七月

滋賀県立琵琶湖博物館・館長　篠原　徹

琵琶湖博物館ブックレット ①

ゾウがいた、
ワニもいた琵琶湖のほとり

高橋 啓一 著

ISBN978-4-88325-597-9 C0345

A5判　112ページ

定価：1,500円＋税

360万年前伊賀市にあった古琵琶湖・大山田湖や３万年前の琵琶湖では水辺を巨大なゾウが歩いていた。気候変動とともに移り変わるゾウやワニ達の姿を、化石のカラー写真とともに紹介。

琵琶湖博物館ブックレット ②

湖と川の寄生虫たち

浦部 美佐子 著

ISBN978-4-88325-598-6 C0345

A5判　120ページ

定価：1,500円＋税

琵琶湖は日本で寄生虫がもっともよく研究された場所だった。そんな琵琶湖でも、まだまだ新種発見の可能性がアマチュア研究者にも残されている。寄生虫に関する基礎知識とともに、やさしい観察方法や標本の作り方を図版入りで解説。寄生虫大好き先生による入門書。

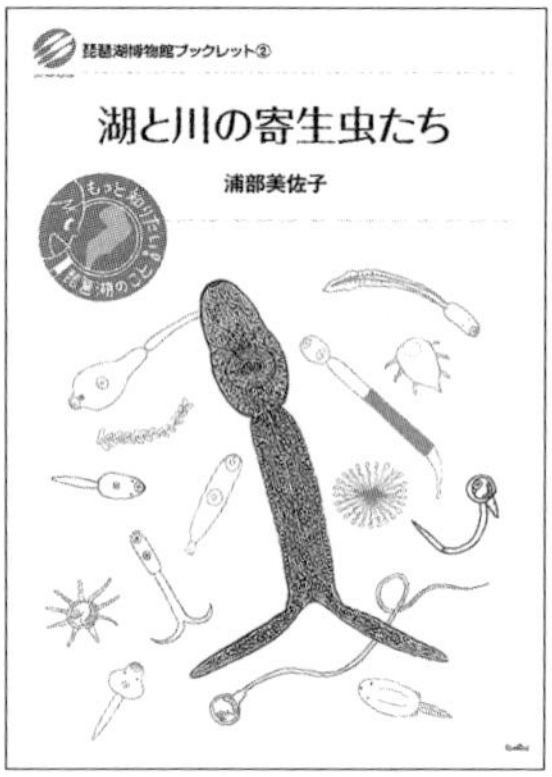

琵琶湖博物館ブックレット ⑤

近江の平成雲根志
—鉱山・鉱物・奇石—

福井 龍幸 著

ISBN978-4-88325-619-8 C0357
A5判　124ページ
定価：1,500円＋税

かつて滋賀県に存在していた石部村銅山や富川銀山などの鉱山を『甲賀郡志』『滋賀県管下近江国六郡物産図説』を紐解き、取り上げる。また、県下で産出した水晶、宝石などの鉱物や、江戸時代の本草学者・木内石亭が記した『雲根志』に掲載された、振るとコロコロと音のなる奇石などについても豊富な写真とともに解説。